사계절 자연 수업

The Curious Nature Guide

클레어 워커 레슬리 지음
양원정 옮김

사계절 자연 수업

초판 1쇄 발행 2018년 6월 18일

지은이 클레어 워커 레슬리
옮긴이 양원정
펴낸이 성의현
펴낸곳 미래의창

책임편집 문주연
디자인 공미향

등록 제10-1962호(2000년 5월 3일)
주소 서울시 마포구 잔다리로 62-1 미래의창빌딩(서교동 376-15, 5층)
전화 02-338-5175 **팩스** 02-338-5140
ISBN 978-89-5989-521-2 03400

※ 책값은 뒤표지에 있습니다. 잘못된 책은 바꿔드립니다.

이 도서의 국립중앙도서관 출판예정도서목록(CIP)은 서지정보유통지원시스템 홈페이지(http://seoji.nl.go.kr)와 국가자료공동목록시스템(http://www.nl.go.kr/kolisnet)에서 이용하실 수 있습니다.(CIP제어번호: CIP2018015059)

차례

Introduction

시작하기 전에

자연,
우리의 삶과
어우러진

당신에게 정원이 없다고 해서,
그저 이 책을 무심하게
넘겨버리진 않았으면 좋겠다.
갈라파고스 섬에
갈 계획 같은 건 없어도 괜찮다.
어쨌든 이 책을 펼쳤다면, 당신은
아마 우리를 둘러싸고 있는 자연,
그 신비한 야생의 세계에 대해
호기심을 일깨울 수 있을
것이니 말이다.

찌르레기
비둘기
주변에서 이런 새들을
볼 수 있는가?
매
까마귀
오리
울새

자연과 교감하고 싶어질 터이니

아주 어렸을 때, 자연과 교감하는 과정에서 한껏 들떴던 경험은 누구나 있을 것이다. 괜스레 주변에 있는 나무나 새, 곤충에게 문득 호기심을 느껴보기도 하고. 지금까지 자연을 두려워하기만 했더라도 괜찮다. 미지의 세계와 가까워지는 가장 훌륭한 방법은, 가능한 한 많이 배우고 겪어보는 것이니까.

당신이 발을 딛고 있는 곳이라면 어디든 좋다.
그것이 해변이나 산,
심지어 볼품없는 동네 공원일지라도,
자연은 너그러이, 함께 숨 쉬는 걸 허락해줄 것이다.
혹 가고자 하는 곳이 있다면,
그게 학교의 생물 수업이든,
도서관이든 아니면 단순히
새를 관찰하는 작은 모임이든 –
자연은 어디로든 당신을 이끌어줄 것이다.
자연은 혼자서도 배울 수 있고,
친한 친구와 둘이서 배울 수도 있다.
여럿이서 함께 문을 두드려보는 것도 괜찮다.
자연의 세계는, 누구에게든 열려 있으니까.

이 책을 친구처럼 대해줬으면 좋겠다.
가끔은 창밖을 내다보고 싶게끔
창가에 놓아두는 것도 괜찮다.
회사에 가지고 가서, 휴식이 필요할 때
가끔씩 들춰보는 건 어떨까?
꿈꾸는 일이 한껏 고무될 수 있도록
침대 옆에 놓는 것도 좋겠다.
하나 부탁이 있다면,
여행 갈 땐 꼭 함께해주길.

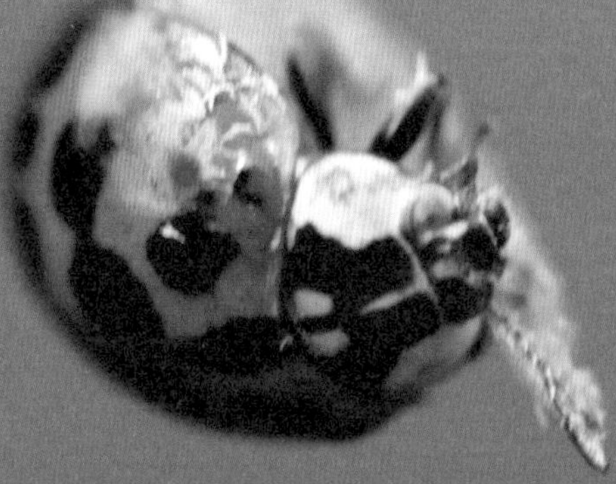

자연의 세계에서는
나이에 얽매일 필요도 없고,
특별히 배워야만 하는 것도 없다.
자연을 배운다는 것은
당연히 어떤 정해진 시간이나
장소에서만 할 수 있는 행위가 아니며,
동서고금을 막론하고 누구나 해온,
아주 오래되었지만
낡지 않은 이야기이다.
많은 사람들이 자연을 알아가다
문득 깨닫곤 한다.
자연을 이해할수록, 나 자신에 대해
더 많이 알게 된다는 사실을…….

이제, 이 책과 함께 모험을 시작해보자.

BEGIN

시작하다

어디에 서 있든,
그곳이 어디든

지금, 어디에 있든 상관없다.
살며시 고개를 들어 창밖을 내다보는 걸로도
느낄 수 있을 것이다.
문 앞에 가만히 서 있는 것도, 거리로 나가보는 것도 괜찮겠다.
낮이든, 밤이든 햇살이 밝은 날이든,
구름이 낮게 드리워진 날이든 따뜻한 날이든, 쌀쌀한 날이든.
서두르지 말고, 다섯까지만 세어보라. 그리고 둘러보라.
주변에 있는 자연의 흔적들을. 그들이 어떤 모습을 하고,
어떤 몸짓을 하고 있는지. 지금 당신이 어디에서 왔고,
어디로 가야 하는지는 잠시 잊어도 좋다.

TRY THIS

지금 보고, 듣고, 느낄 수 있는 자연의 감각들을 적어보라.

그들이 만들어내는
이야기들을 떠올려보라.
어디에 있는지,
어떤 계절인지,
그리고 어떤 시간인지도
함께 기록해두면 좋겠다.

푸른 하늘,
앙상한 나뭇가지,
전선에 앉아
지저귀는 참새들,
뺨을 스치는 바람,
거리에 뒹구는 낙엽들.

가을이 다가오는 10월 10일
아침 10시 40분경,
우리 집 아파트 창문에서.

땅거미가 질 무렵 우리 동네 길을 따라서
9월 18일 오후 6시 40분, 20°C
나무귀뚜라미들, 울새 한 마리, 파랑어치 한 마리
개 짖는 소리와 마른 나뭇잎 냄새

신호등 위에 앉아서 도로를 내려다보고 있는 붉은꼬리매

딱 1분의 휴식으로 여기에 존재할 수 있다면

하루에 주어진 시간은 모두 1,440분.
그러나 우리는 그 많은 시간을 너무 빠르게 채워버린다.
잠깐이어도 좋으니, 바쁜 일상을 시작하기 전
잠시 멈추는 시간을 가져보라.
버스에 타기 전도 괜찮고, 강아지와 산책하기 전
단 1분도 괜찮다. 아니면 무거운 일상의 문을 열기 전,
아주 잠깐만 멈춰 가만히 있어보는 것. 주위를 둘러보며
하늘과 나무와 새와 식물에게 귀를 기울여보라.
스냅사진으로 시간을 남겨두듯, 눈에 풍경을 담아보라.
숨을 크게 들이마시고, 내쉬고, 마음속의 목소리를 들어도 좋다.
눈을 감고 자연이 걸어오는 부드러운 목소리에 귀를 기울여보자.
따뜻한 햇살이, 바람의 시원함이 얼굴을 스칠 것이다.

이렇게 자연과의 교감에 딱 3분, 1,440분 중 딱 3분만 할애한 후,
일상으로 돌아간다. 혹자는 이를 '현재에 존재하기'라고 말했다.
큰 노력이나 돈이 필요한 게 아니다. 자연에 귀를 기울이기만 하면,
언제 어디서든 현재에 나를 각인시킬 수 있다.
심지어 휴식을 취하고 있다는 걸 누구에게 알릴 필요도 없다.

자연과의 시간을 갖고 나면, 어떤 기분이 드는가?
머릿속에 어떤 생각이 차오르는가?

TRY THIS

자연으로 나갈 일이 생기면, 스스로에게 숙제를 하나 내주기로 한다.
예를 들어 빨간색을 띤 자연을 찾는다든가, 동그란 모양의 자연을 찾는다든가, 마음껏 자연의 향내를 느껴보며 독특한 향을 갖고 있는 어떤 것을 찾는다든가 하는 숙제들. 집에 예쁘게 장식할 수 있는 작은 이파리나 꽃잎을 모으는 것도 좋겠다. 혹시 그 순간을 영원토록 간직하고 싶다면, 사진을 찍어두는 것도 좋은 방법이다.

나뭇잎일까, 아니면 하늘에서 내려다본 마을 풍경일까

속도를 늦춘다는 건 쉬운 일은 아니다. 우리는 지금껏 분주하고 바쁜 일상에 너무나 익숙해져왔으니. 그 습관을 잠시 눌러두고, 잠깐 멈춰 서서 주변의 크고 작은 세상을 둘러볼 수 있기까지는 어쩔 수 없이 얼마간의 시간이 걸리기 마련이다.

자연이 보여주는 어떤 일정한 규칙들은, 어찌 보면 우리네 삶의 규칙과도 닮아 있다. 낮이 가면 밤이 오고, 추위가 사그라들면 곧 더위가 오고, 비가 그치면 해가 뜨고를 반복하듯이.

내게 만약 착한 요정을
움직일 수 있는 힘이 있다면,
그 요정에게 부탁하여 세상 모든
아이들에게 절대 파괴되지 않고
평생토록 지속될 수 있는
경이로움을 선물로 주라고
할 것이다.

– 레이첼 카슨, 『자연, 그 경이로움에 대하여』 중에서

눈 이외의 감각을 따라가 보는 연습

주변에 있는 자연의 이야기에 귀를 열어보자.
걷거나 뛸 때, 자전거를 탈 때,
혹은 별일 없이 벤치에 앉아 있을 때까지,
고개를 들어 곳곳의 자연을 보고
관심을 기울여보라.
그리고 눈이 보이지 않는다고 상상하고,
눈을 감은 채로 누군가에 의지해서
주변을 거닐어보라.
귀와 코, 그리고 손가락의 감각에
의지해보는 것이다.

꽃에 깊숙이 코를 파묻어보라.
새의 지저귐에,
곤충의 찌르륵대는 울음소리에
귀를 기울이고,
바위를 손으로 쓸어
그 차가움을 느껴보라.
나무껍질의 촉감을 느껴보라.

우리는 무언가에
주의를 기울일 때,
무의식적으로 눈에게만
그 호사를 허락한다.
아주 잠시 동안만이라도,
다른 감각을 일깨워보자.

자연과의 오래된 만남에 대한 기억들

대부분이 아주 어린 시절에
자연과 첫 만남을 가진다.
그러나 유년 시절의 기억이란,
애써 떠올리려 하지 않는 한
그저 잊힌 채로 살아갈 뿐. 이제껏 살아오며 자연과
어떤 추억을 쌓아왔는가? 그건 아주 대단한 추억일 수도,
혹은 말하기 머쓱할 만큼 소박한 추억일 수도 있다.
가만히 추억을 곱씹어보라. 혹시 머릿속에 남아 있는 추억마다,
그것이 기억에 남은 어떤 일관된 이유가 있을까?
자연과의 만남이 당신의 삶에 어떻게 스며들고 혹은
어떻게 삶을 바꾸어놓았는지, 가만히 떠올려보길 바란다.
첫 만남의 기억을, 두 번째, 세 번째 만남의 아련한 기억을.

기억에 남은
자연과의 만남
네 가지
떠올려보기.

TRY THIS

나무 오르기,
개구리 잡기, 강변 따라 걷기,
사과 따기, 반딧불이 뒤쫓기…….
이런 일들을 해본 적이 있는가?

뒤뜰에 있는 토끼

추억은 때로 냄새를 동반하고

누군가는 그렇게 말했다. 어렸을 적
살던 고향을 떠올릴 때, 가장 그리운 건
그 무엇도 아닌 마을의 냄새라고.
비가 내리기 전 공기가 잔뜩 머금고 있는
물기, 그리고 진흙 냄새……. 당신에게도 어떤
기억을 불러일으키는 냄새가 있는가?
이를테면 뜨거운 도로에 내리는 비 냄새,
갓 베어진 수풀 냄새, 쌉싸래한 솔잎 냄새
같은, 그 시간과 공간으로 돌아가게
해주는 것들.

냄새가 그렇듯,
기억은 때로는 소리를 동반한다.
내가 창밖의 긴꼬리귀뚜라미
울음소리를 들으며 학창시절,
여름방학이 끝나가던 무렵을 떠올리듯.
당신의 추억을 좇는 냄새는,
그리고 소리는 무엇인가?

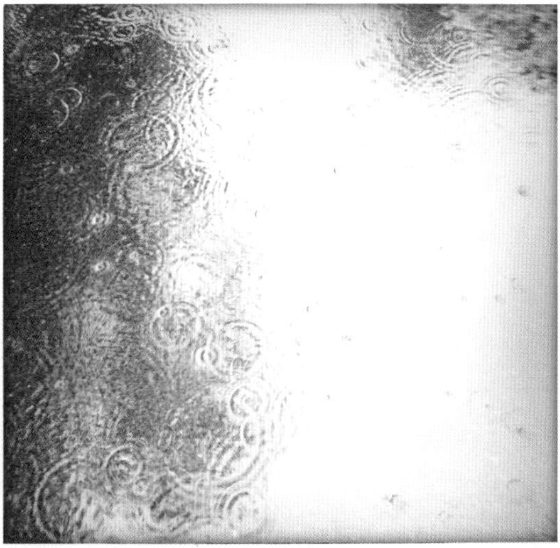

얼음 위에 비친
플럼 아일랜드의
겨울 햇빛,
1월 18일
오후 1시 30분

자연과의
데이트 약속 잡기

자연을 위해 잠깐만 시간을 내어 산책을 나가보라.
자연과 약속을 잡고, 다른 누군가와 만날 때 그렇게 하듯,
캘린더에 표시해놓는 것이다. 당신이 원하는 시간이라면 얼마든 좋다.
15분도 좋고, 30분도 좋고, 두 시간 동안 길게 호흡해봐도 괜찮다.
내가 어떤 곳을 좋아하는지, 어떤 자연이
나를 반기고 있을지 상상해보라.

잠자리에 누워 어디로 가면 좋을지 곰곰이 고민해,
신중하게 약속 장소를 정하자.

일상을 벗어나 산책을 즐긴다고 해서
모든 것이 갑자기 좋아지지는 않는다.
하지만 맑은 정신과 열린 마음으로 자연에 나가면
일시적으로 축 늘어져 있던 심장이
다시 생기를 찾아 고동치기 시작할 것이다.
우리는 지구가 선사한 값진 선물에 둘러싸여
기쁨을 느끼며, 상실과 슬픔을 딛고,
비탄마저 감사히 여길 수 있다는 것을 알게 된다.
결함이 많은 세상을 살아가는 데에……
자연은 결코 하찮은 것이 아니다.

– 로버트 M. 파일, 〈오리온〉 2005년 3/4월호

TRY THIS

주변을 둘러보고, 이름을 알고 있는 동물과 식물을 세어보라.

알고 있는 동식물들을 하나씩 써 내려간 후, 계절이 지날 때마다 새로이 나타나는 이들의 이름을 더 써 넣어보자. 그렇게 그들의 이름을 하나씩, 조금씩 더 알아가는 것이다. 각 동식물마다 언제 발견했는지, 그리고 어디서 발견했는지를 함께 적어두어도 좋겠다. 가족이나 친구와 공유하며 함께 머리를 맞대 보는 건 어떨까? 아는 이름이 적다고 해서 미안해하거나 실망해하지 말라. 점점 더 많은 이들의 이름을 불러줄 수 있을 터이니.

당신이 사는 그곳은

당신의 집 주변 풍경을, 그림 그리듯 말로 묘사해보라.
높은 언덕인지 평지인지, 주변에 나무가 우거졌는지
아니면 온통 마천루인지, 멀리에 산이 보이는지 아니면
바다가 보이는지, 도시인지 아니면 도시 주변이나 시골인지
아주 세세하게, 당신 주변의 자연 풍경을 이야기해보라.

당신이 살아온 그곳은,
다른 곳과는 어떻게 구별되는가?

당신이 그곳에 사는 동안,
그 모습은 얼마나 변모했는가?

우리는 얼마나 바쁘고 산만하며,
또 얼마나 서로 단절된 채 살아가는가.
바로 이런 이유 때문에 경이로움이
진짜 생존 기술이 되었는지도 모른다.
경이로움은 우리에게 진정으로 중요한 것이
무엇인지를 알려주고,
우리에게 삶을 완전히 의탁할 수 있는
더 큰 시스템이 있다는 사실을 가르쳐준다.
경이로움은 우리가 자연과 '친밀감'이라는 감정을
나눌 수 있도록 도와주어,
결국은 우리가 자연을 지키려고 무슨 일이든 하게 만든다.

– H. 에머슨 블레이크,
『경이로움과 그 밖의 생존 기술들』 서문 중에서.

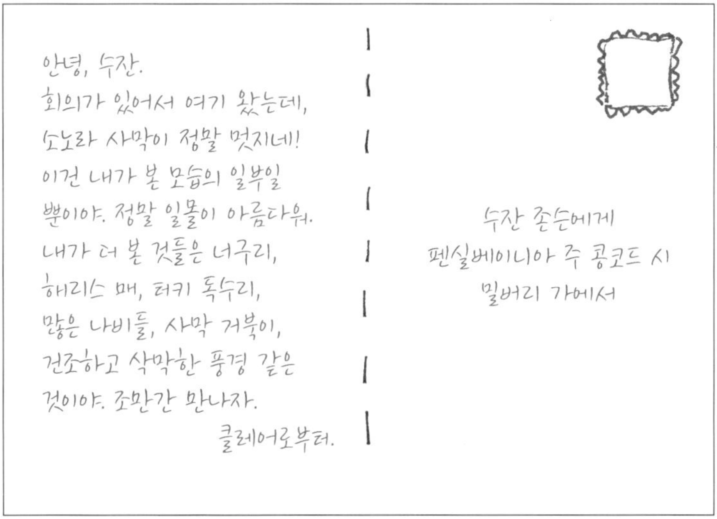

TRY THIS

이메일에 사진을 첨부해 보내는 것도 물론 낭만적인 일이다.

그러나 직접 손 편지를 써본지가 얼마나 오래 되었는가! 이제 펜이나 연필을 집어들어 볼 때이다. 멀리 떨어져 사는 친척, 혹은 친구에게 편지를 한번 써보라. 내가 살고 있는 곳에 관하여, 내 주변에 펼쳐진 자연의 세계에 대해 느낀 아주 사소한 것들을. 하나하나, 마치 약도라도 그리듯 섬세하게 그려보라. 그리고서 직접 우표를 붙여 편지를 보내면 좋겠다. 여행이나 휴가에서 한다면 더욱 낭만적일 것이다.

생각지도 못한 곳에서 마주치는

대지가 광활하게 펼쳐진 대자연 속, 그런 축복 받은 곳에서 사는 사람도 있다. 허나 우리 대부분은 빌딩과 빌딩 사이, 도로와 인도 옆, 쇼핑몰과 주차장 사이에 끼어 비좁게 들어선 자연과 함께 살아간다. 하지만 주위를 둘러보면, 의외로 도시라는 인공적인 공간에서도 자연이 남긴 흔적들을 찾을 수 있다!
생각해보라. 빽빽한 도시임에도 불구하고, 우리 주변에는 너무나 많은 동물과 식물들이 살고 있다. 그들은 인간이 만들어놓은 환경에서, 대체 어떻게 적응하고 있을까. 작디작은 틈이나 아주 높다란 나무에서 그들이 얼마나 다채롭게 살아가는가. 그리고 그 다양한 생명들로부터 우리는 과연 어떤 은혜를 입고 있을까.

당신의 오늘은 어떤 색인가

아무것도 챙기지 않고 자연으로 나가보라. 아니면
오랜만에 창문을 활짝 열고, 바깥을 내다보는 것도 좋다.
당신의 오늘은 무슨 색인가? 눈을 감고, 세상의 색깔로
자유롭게, 마치 추상화처럼 그림을 그려보자.
크레파스나 색연필, 혹은 수채 물감으로 종이 위에
마음껏 색을 칠한다고 상상해보자.
바깥의 계절은 어떤 색깔을 띠고 있는가?
낮, 그리고 밤에는 무슨 색깔일지, 비 오는 날과 눈 오는 날엔
또 어떤 변주가 생길지, 이 계절이 지나고 다음의 계절이 오면
어떤 색깔이 펼쳐질지를 상상하고, 관찰해보라.

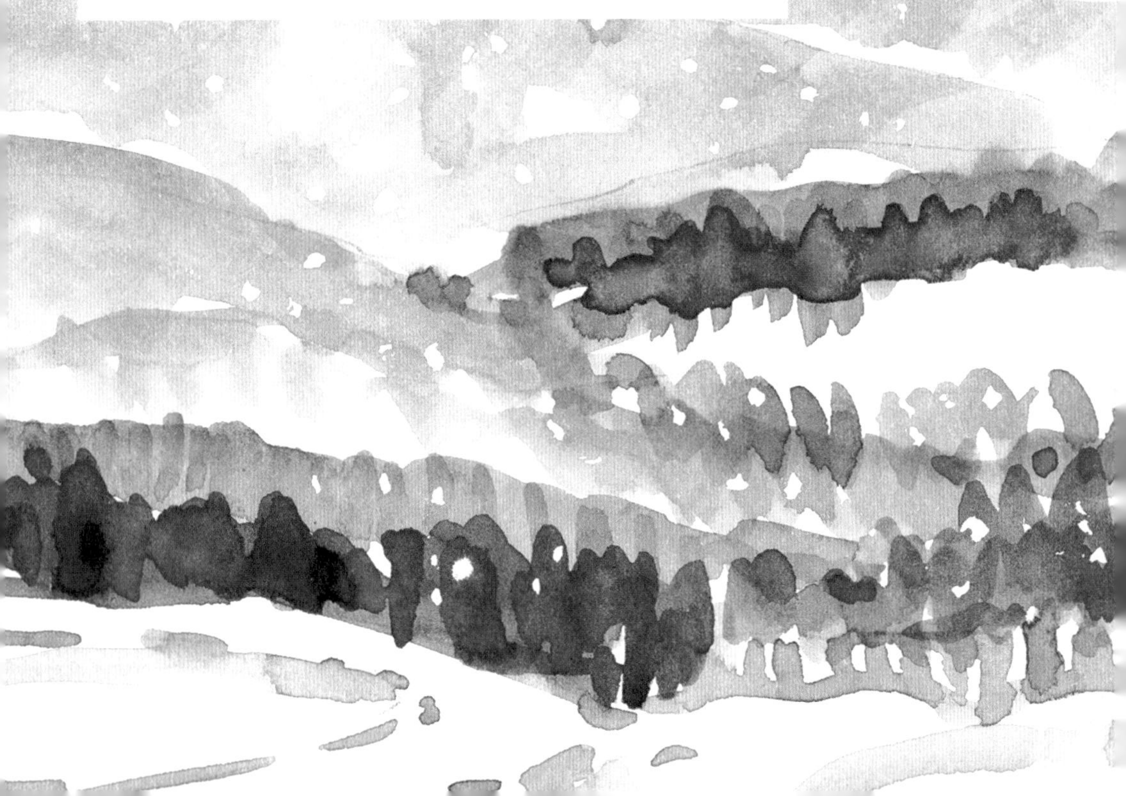

계절은 저마다 각각의 색깔을 띤다

어둠에 잠자다 1월

매일 반짝이는 한 개의 빛을 찾다 2월

기지개를 켜며 녹아내리다 3월

움트기 시작하다 4월

꼬리에 꼬리를 물며 멈추지 않다 5월

절정에 다다르다 6월

성숙하다 7월

땅에 축복을 내리다 8월

겨울이 오고 있음을 알려주다 9월

잇도록 도와주다 10월

가게 문을 닫다 11월

한 바퀴를 다 돌다 12월

자연이 풍기는 분위기란

날마다 다른 빛을 띠는 자연에서, 우리는 무엇을 느끼는가?

DISCOVER

발견하다

해돋이, 그리고 해넘이

요 얼마간 해가 지는 모습이나, 뜨는 모습을 본 적이 있는가? 어느 날 하루, 일찍 일어나 그날 해가 질 때까지 틈틈이 하늘을 올려다보라. 해가 동쪽 하늘에 솟아올라, 하늘에 둥근 선을 그리며 서쪽 하늘로 사라지기까지 하늘의 색깔이 시시각각 어떻게 변하는지, 그 색깔이 보이는가? 햇빛이 변하며 수많은 것들이 함께 변해간다. 새들의 날갯짓, 대지와 대기의 내음, 바람이 하늘을 가르는 속도와 온도, 꽃이 얼굴을 내미는 방향까지도…….

TRY THIS

해가 뜰 때, 혹은 질 때의 하늘을 바라보고, 그 색깔을 기록해보는 건 어떨까.

며칠, 또는 긴 기간에 걸쳐 하늘을 올려다보고, 기록해보라. 색연필이나 크레용으로 그 햇빛의 색깔을 칠해도 좋고, 글로 묘사하며 색깔, 날짜, 시간을 기록해두는 것도 좋겠다.

인생은 눈부시게 아름답다……
나는 지금 기쁨으로 충만하리니
동이 틀 때마다
밤하늘은 하얗게 물들어
태양이 떠오를 때마다
온 하늘을 뒤덮나니.

– 크누드 라스무센이 기록한
허드슨 만 이글루리크 에스키모인의 노래 중에서

Did You Know?

햇빛을 그리라고 하면, 누구나 빨강이나 노랑을 색칠하기 마련이다. 그러나 햇빛은, 무려 일곱 가지나 되는 무지갯빛으로 이루어져 있다. 일곱 가지의 색은 각각의 파장을 내며 공기 사이를 부유한다. 햇빛이 그저 눈부시도록 희게만 보이는 건, 그 갖가지의 파장이 한데 섞여버리기 때문이다. 그러나 해가 뜨고 질 때에 태양은 아주 낮은 각도로 지구를 비추며, 덕분에 좀 더 긴 파장을 지닌 빨간색과 주황색, 노란색이 지구에 닿게 된다. 이 색깔들은 대기의 수증기와 그 밖 여러 물질과 뒤섞이며, 격렬하게, 아주 격렬하게 바뀌어간다.

빛은 변해간다

당신이 지금 서 있는 그곳에서는, 낮이 길어지고 있는가, 아니면 짧아지고 있는가?
혹시 계절마다 달라지는 낮의 길이가 당신의 일상과 감정을 침투하지는 않는지.
이를테면 너무 빨리 지는 땅거미를 보며 괜스레 우울해지거나, 저녁이 되어도 쨍쨍한 해에
신난다거나. 그리고 혹 가을에 내리쬐는 햇빛과 겨울에 내리쬐는 햇빛이
다르게 느껴지지는 않는가?

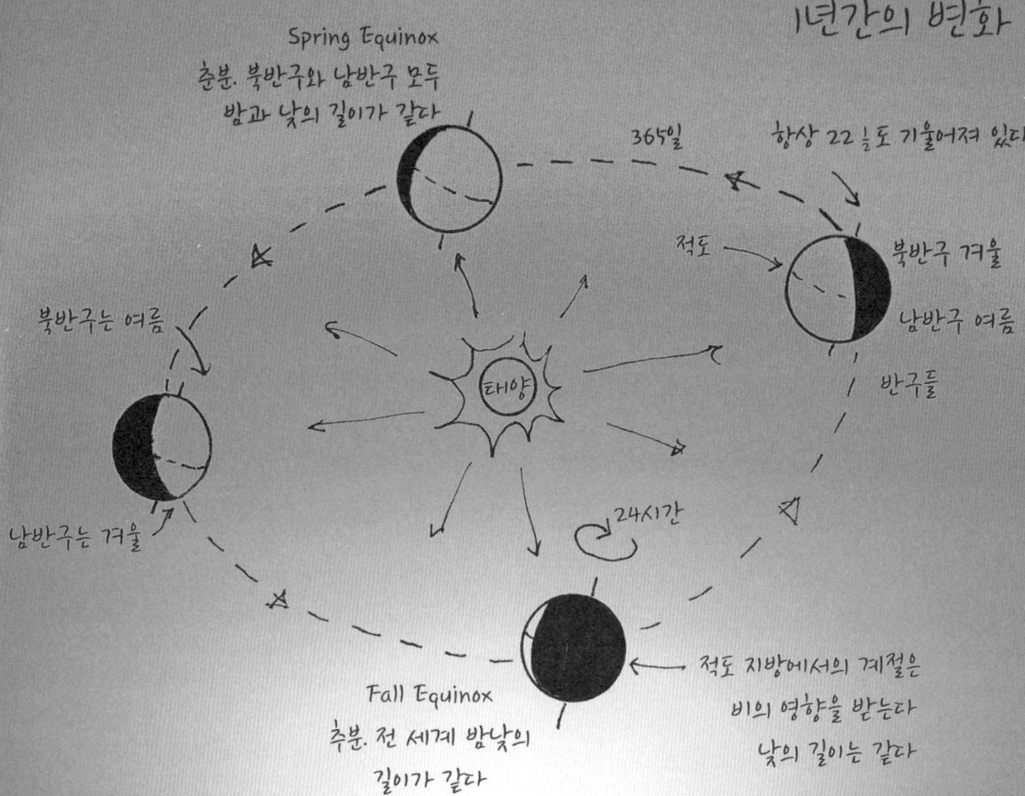

11월은 차분하고
어두운 색으로 물들어간다.

한껏 웅장함을 뽐내던 10월도
아마 끝이 난 듯
연보라색과 적갈색이
안개처럼 내려앉는다.

이제 잿빛은
슬그머니 모습을
드러내기
시작한다.

하늘을 올려다보면

많은 예술가와 음악가, 시인들이
하늘로부터 영감을 얻는다.
시시각각 변하는 하늘의 색깔과,
흘러가는 구름의 앙증맞은 모양들은,
그리고 때론 서늘하며 때론 따스한 날씨는
우리가 즐기는 수많은 예술의
원천이 되어왔다.
농부나 어부처럼, 자연과 함께 숨 쉬며
땀 흘리는 이들에게 구름은 또한,
날씨를 알려주는 예보자였다.

자연으로 나가면, 두 눈을 감고 얼굴에 부딪쳐오는 햇볕을 느껴보라.

바람이 분다면 기꺼이 그도 함께. 길을 걷는 동안 바람은 어디로부터 기원했는지,

곧 다가올 날씨가 어떠할지 곰곰이 생각해보라. 그리고 지나가는 구름을 다정히 불러보라.

이제 구름을 바라보고, 어떤 구름이 있는지 살펴보자.

그들의 이름을 외면, 날씨를 읽는 법을 배울 수있을까?

Cirrus-wispy
새털구름
가냘프고 성기다

하늘에서
이 열 가지 구름을
찾아볼 수 있을까?

Cirrostratus
털층구름
낮고 층을 이룬다

Cirrocumulus
비늘구름
작은 구름
덩어리들이 열을
지어 서있다

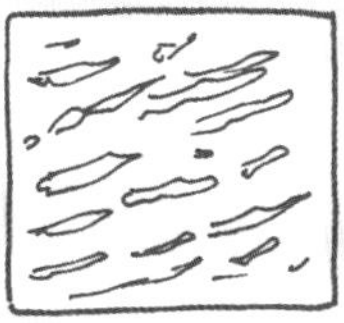

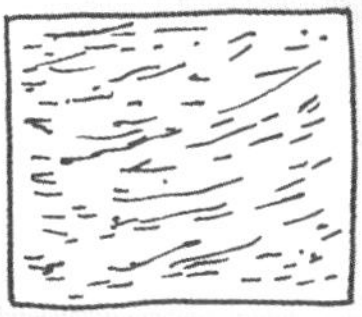

Altostratus
높층구름
높고 층을 이룬다

Stratus
안개구름
농밀하고 층을
이룬다

구름은 낮 동안에는
계속 모양을 바꾼다.

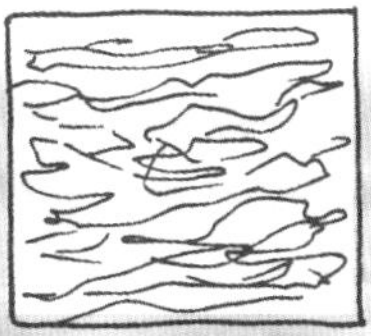

Nimbostratus
비구름
층을 이루고 구름들이
한데 모여 있다

Stratocumulus
층쌘구름
농밀하고 층이 지고,
겹쳐 쌓여 있다

한번 나만의
스케치북에 구름
차트를 만들어보기.
책만 보지 말고,
때론 하늘을
올려다보며 구름을
봐주기.

Cumulus
뭉게구름
부풀어 있다

Altocumulus
높쌘구름
둥글게 회전하는
층이다

Cumulonimbus
소나기구름

날씨를 읽는다는 것은

날씨는 당신의 일상에서 얼마나 큰 부분을 차지하는가?

폭풍우가 오기 전, 대기는 미리 경고를 보낸다.
동물들은 그 경고를 읽고, 미리 행동을 조절할 줄 안다.
아마 당신도 한두 번은 봤을 터이다. 갈매기 떼가 갑작스레 땅 위에 내려앉는다든가, 소가 범상치 않게 뛰어 나무 밑으로 몸을 숨긴다든가, 작은 새들이 관목 숲이나 처마 밑으로 몸을 숨기는, 그런 것들.

당신이 숨 쉬는 그곳의 날씨는 어떠한가.
공기는 어떤 냄새와 기운을 풍기며, 무엇을 말하려 하는 걸까.

Did you know?

"뱃사람은 밤하늘이 붉으면 기뻐하고, 아침하늘이 붉으면 경계한다."

수백 년 동안이나 전해 내려온 날씨에 관한 이야기들은 꽤나 잘 들어맞는다. 마태복음, 셰익스피어 서사시 〈비너스와 아도니스〉가 이야기한 저것도 마찬가지로.

TRY THIS

당신에게 내주는 작은 숙제.
당신이 경험한 요즈음의 날씨를 소재로
짧은 이야기나, 시를 써보라.

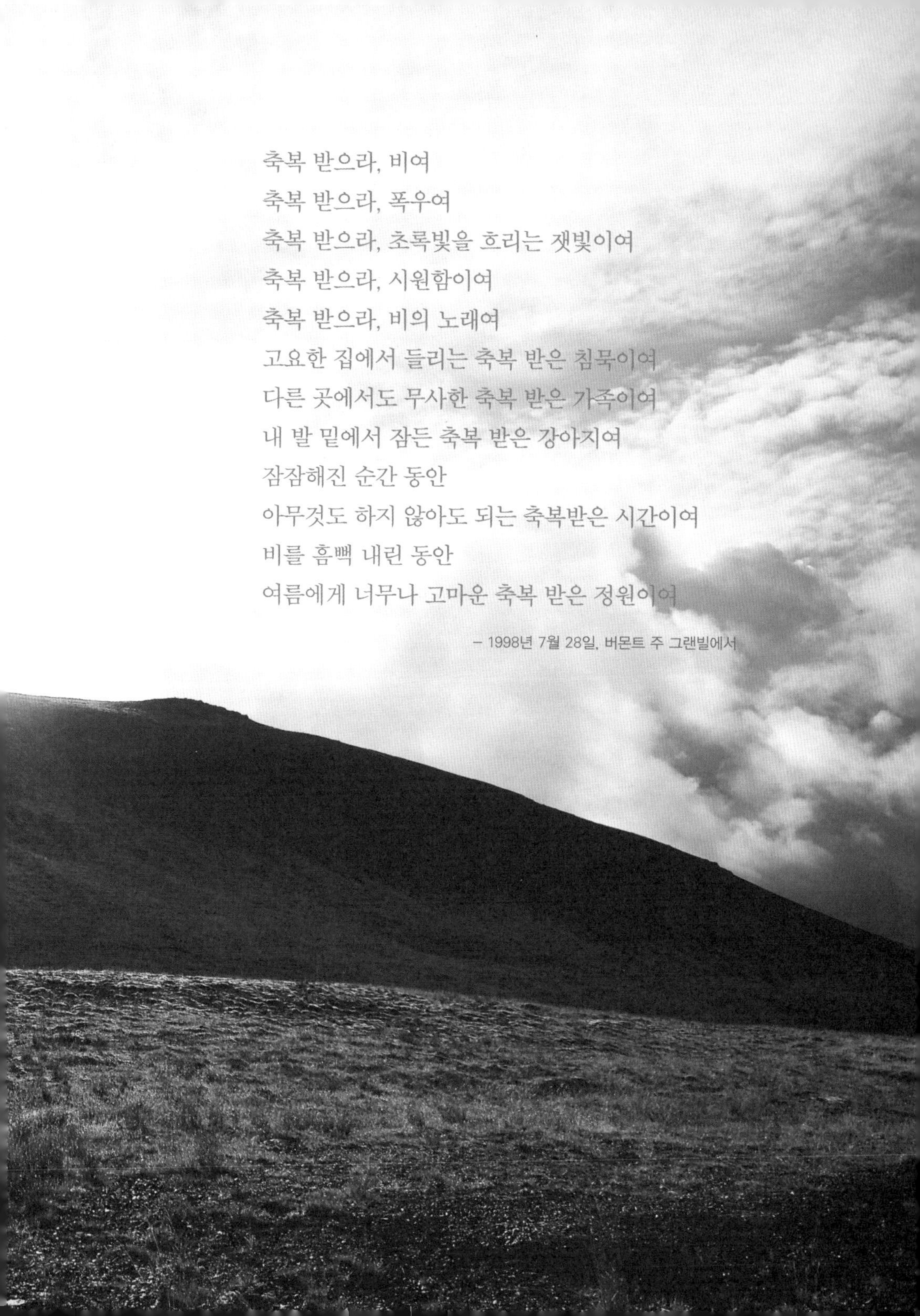

축복 받으라, 비여
축복 받으라, 폭우여
축복 받으라, 초록빛을 흐리는 잿빛이여
축복 받으라, 시원함이여
축복 받으라, 비의 노래여
고요한 집에서 들리는 축복 받은 침묵이여
다른 곳에서도 무사한 축복 받은 가족이여
내 발 밑에서 잠든 축복 받은 강아지여
잠잠해진 순간 동안
아무것도 하지 않아도 되는 축복받은 시간이여
비를 흠뻑 내린 동안
여름에게 너무나 고마운 축복 받은 정원이여

— 1998년 7월 28일, 버몬트 주 그랜빌에서

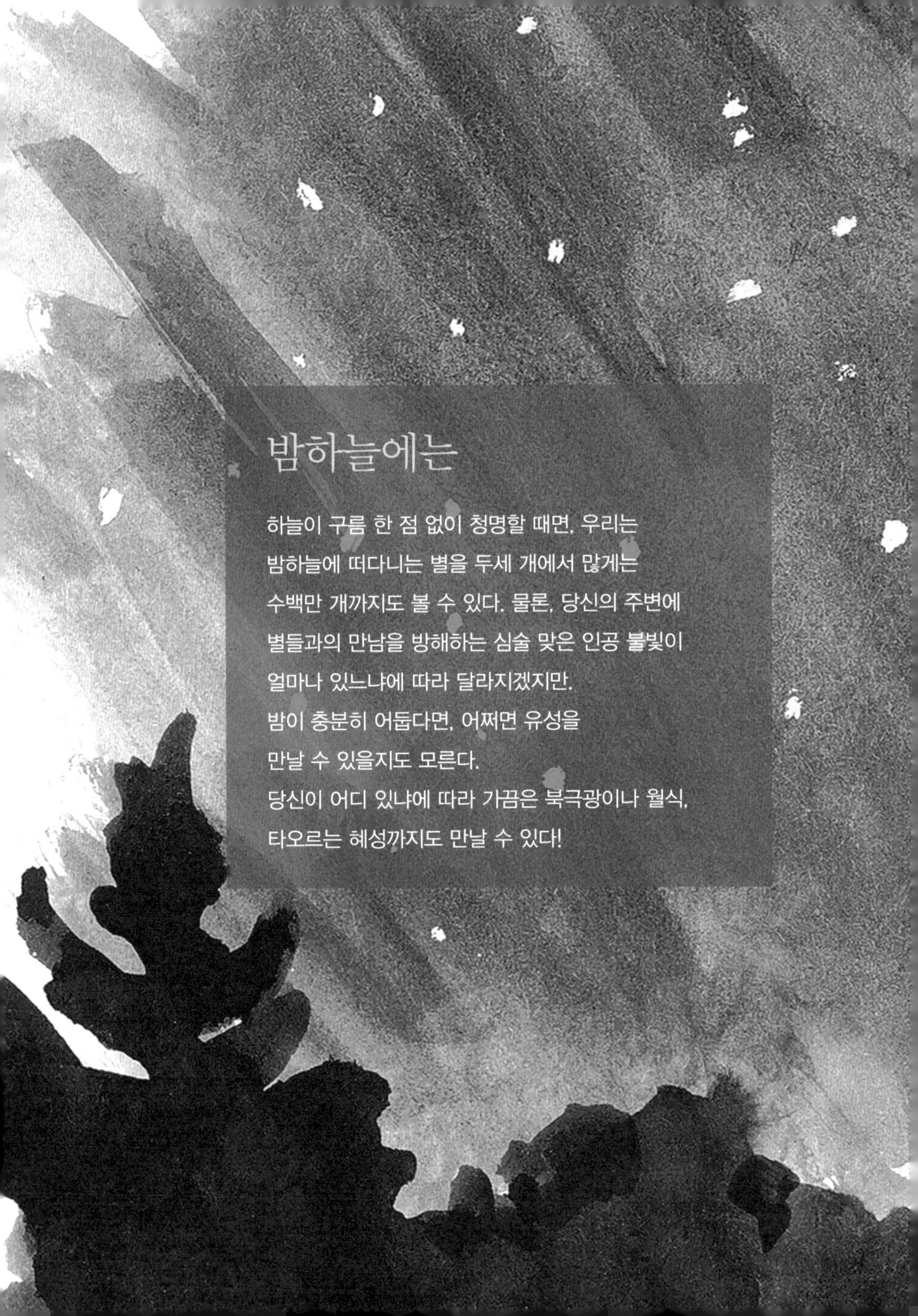

밤하늘에는

하늘이 구름 한 점 없이 청명할 때면, 우리는 밤하늘에 떠다니는 별을 두세 개에서 많게는 수백만 개까지도 볼 수 있다. 물론, 당신의 주변에 별들과의 만남을 방해하는 심술 맞은 인공 불빛이 얼마나 있느냐에 따라 달라지겠지만.
밤이 충분히 어둡다면, 어쩌면 유성을 만날 수 있을지도 모른다.
당신이 어디 있냐에 따라 가끔은 북극광이나 월식, 타오르는 혜성까지도 만날 수 있다!

TRY THIS

밤길을 걸어보라.

어둠이 내려앉은 후, 오직 달빛과
별빛만 가득한 그 시간의
산책에 익숙해져보라. 밤에 느껴지는
냄새와 소리, 색깔이
낮의 그것들과 어떻게 다른가?
어떤 감각이 눈을 뜨는가?

어느 새 당신의 손에는 담요와
손전등이 있을 것이다.
앉거나 누운 채로 밤하늘을
바라볼 수 있도록,
그 행복한 시간을 보낼 수 있도록,
자꾸 어둑한 곳을 찾아가는
당신을 발견하게 될 터이다.

밤하늘을 수놓은 그것은

밤하늘은 아주 까마득한 옛날부터 오늘에 이르기까지, 여행에 나선 모든 이들에게 친절한 길잡이 노릇을 자처해왔다. 여행자와 탐험가는 물론, 철새를 비롯한 밤의 동물들에게까지도. 많은 새들은 밤에 조심스레 움직이는 편이 더 안전하다는 걸 잘 알고 있다. 안개 낀 밤, 구름이 낮게 드리워진 날에는 창문을 열어 귀를 기울여보자. 새들이 서로를 부르며 지저귀는 소리가 들려올 터이니.

혹 당신도 여행을 나섰다면, 밤하늘을 올려다보며 별들의 이름을 불러보라.

그리스 신화와 로마 신화, 아라비아 전설의 그 영웅들의 이름을 가만히 속삭여보라.

TRY THIS

달빛 한줄기도 비치지 않는 캄캄한 밤이면, 슬며시 바깥으로 나가 별자리를 세어보라. 오리온자리, 카시오페이아, 북두칠성, 전갈자리. 설사 당신이 있는 곳이 도시라도 할 수 있는 일이다. 계절에 따라, 그리고 당신이 집을 빠져나온 시간에 따라, 어느 새 별자리가 이전의 그때와는 다른 곳에 펼쳐져 있음을 알 수 있을 것이다.

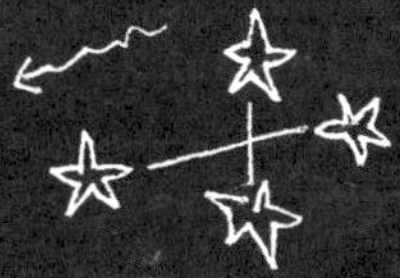

오로지 이 지구의
남쪽에서만
볼 수 있는 별,
남십자성.
오스트레일리아,
뉴질랜드, 파푸아뉴기니,
사모아와 같은
남쪽의 이웃들은,
그 별을 따와
국기에 수놓았다.

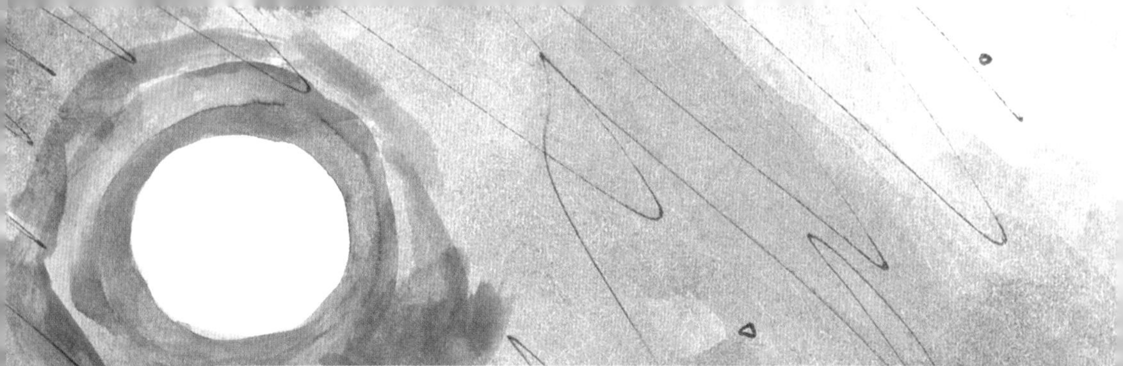

달은, 아마도 끝없이

달은 마치 태양과 같이, 동쪽에서 떠올라 서쪽으로 진다. 달은 지구를 따라 한 바퀴 도는 그 스물아홉 날 동안, 서서히 차오르고 기울며 모습을 바꾼다. 이 순환은 무한히 반복된다. 우리가 태어나기 그 이전부터, 아주 오래 전, 태초부터 달은 그래왔다. 까만 밤하늘을 올려보라. 지금 달은 어떤 모습을 하고 있을까.

눈에 보이는 달의 밝은 면은, 태양빛이 달 표면에 반사되어 하얗게 빛나는 것. 우리가 볼 수 없는 달의 어두운 면은, 태양을 가로막은 지구의 그림자.

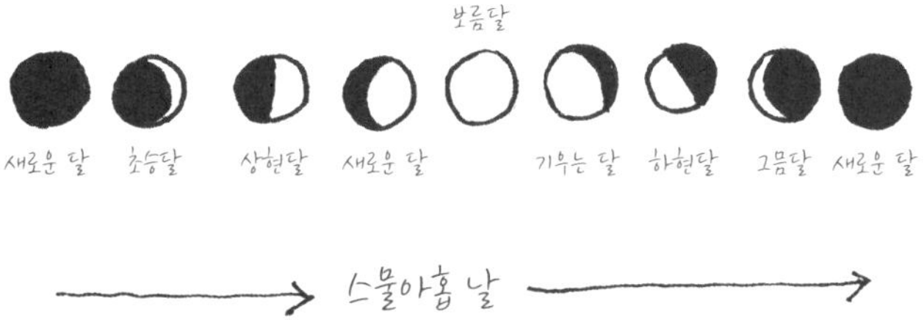

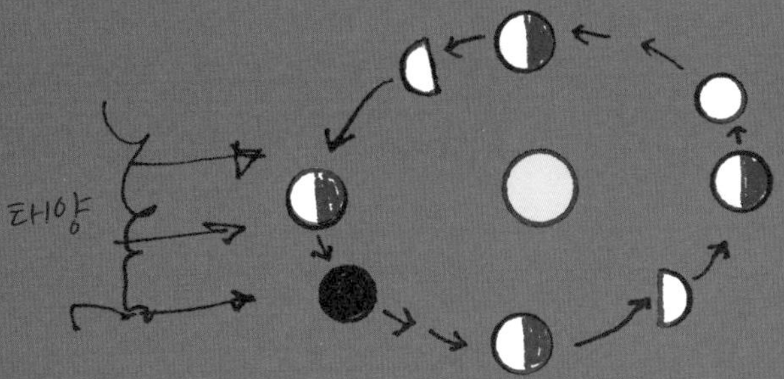

놀랍게도 내가 어디에 있든, 당신이
어디에 있든 나와 당신은 똑같은 달을 본다.
달이 끝없이 돌 듯,
우리도 실은 무한히 돌고 있으니까.

혹 불그스름한 달을 본 적이 있는가?
개기월식이란, 달 전체가 지구 뒤로 숨어 달과 지구가
정확히 마주섰을 때 일어나는 현상을 이른다.
개기월식이 시작되면 지구의 그림자는 달을 완전히 뒤덮는다.
그늘진 달은 그저 불그스름한 빛을 내뿜으며,
작게나마 자신의 존재를 알린다. 그마저도 그 붉은 빛은,
단지 지구에서 흘러나오는 태양광이 여과되고 굴절된 것일 뿐.

TRY THIS

동쪽 지평선 위로
떠오르는 커다란 달을
본 적이 있는가?
보름달이 뜬 한 여름 밤,
동전 하나를 들어 달에 한번
대어보라. 동전에 비해 달이
얼마나 큰지, 혹은 얼마나
작은지 기록해보라.
몇 시간이 지난 후,
달이 저 하늘 위로 높이
올라갔을 때 다시
동전을 겹쳐보자.
무엇을 알아차렸는가?
당신의 눈이 선사한
작은 거짓말을, 이제는
눈치 챘을까?

달에게는 열두 개의 이름이 있다

보름달을 올려다보면, 그곳에는 무엇이 보이는가? 한 남자인가, 연인들이 키스하는 모습인가, 아니면 방아 찧는 토끼인가? 어떤 이들은 시간이 지날 때마다 새로운 이름을 붙이며, 다정스레 달을 부르곤 했다. 우리도 그들처럼 매월, 열두 개의 다른 이름으로 달을 불러주는 건 어떨까?

1월
Wolf or Hunger Moon
늑대의 달, 배고픔의 달
배고픈 늑대들이 울부짖는 달

2월
Snow Moon
눈의 달
눈이 가장 많이 내리는 달

3월
Sap Moon
수액의 달
겨우내 뿌리 속에 숨어 있던 수액이 나뭇가지로 다시 돌아오는 달

4월
Grass or Worm Moon
새싹의 달, 벌레의 달
땅이 부드러워지고 새싹이 돋아나며, 벌레 똥이 촉촉한 땅에 발견되는 달

5월
Flower Moon
꽃의 달
봄꽃이 만발하는 달

6월
Strawberry Moon
딸기의 달
잘 익은 딸기를 따는 달

7월
Thunder Moon
천둥의 달
여름의 폭풍우가 잦고 심해지는 달

8월
Green Corn Moon
풋옥수수의 달
옥수수 수확을 준비하는 달

9월
Harvest Moon
수확의 달
곡식을 수확하는 달

10월
Hunter's Moon
사냥꾼의 달
여름내 살이 오른 동물들을 사냥하는 달

11월
Beaver Moon
비버의 달
늪이 얼기 전에 덫을 놓는 달

12월
Long Night or Cold Moon
긴 밤의 달, 차가운 달
겨울이 세상을 장악해, 긴 밤 내내 오랫동안 달을 볼 수 있는 달

당신이 사는 곳에선, 달이 어떤 이름을 기다리고 있을까?

Did you know?

'블루문'은 수년에 걸쳐 변화와 발전을 거듭하며, 그 정의가 변화해왔다. 지금의 블루문이란, 한 달 새에 두 번째 뜨는 달. 블루문이라 해서 파란색을 띠는 건 아니라는 걸 유념하라. 블루문은, 여느 보름달처럼 은빛이 감도는 하얀색의 달. 두 번째로 떠야 만날 수 있는 이 보름달은, 오직 2~3년에 한번만 볼 수 있다. 그 희귀함을 본떠 인간은 'once in a blue moon', '극히 드물게'라는 뜻의 말을 만들어냈다.

바로 당신의 정원에서

정원은 어디에나 존재한다. 도로 옆, 버려진 공터, 심지어 고속도로 옆에도. 아마 당신의 집에도 정원이 있을 터이다. 그것이 설사 아주 작은 화단이더라도, 어쨌든 그것의 이름은 정원이다. 당신은 매일 어떤 정원을 만나는가? 혹 정원이 없다면, 나만의 정원을 하나 만들어보고 싶지 않은가? 아주 작아도 괜찮다. 작은 다육식물로 책상 위를 장식해도 좋고, 창턱에 올려놓을 허브 화분을 찾는 것도 괜찮겠다.

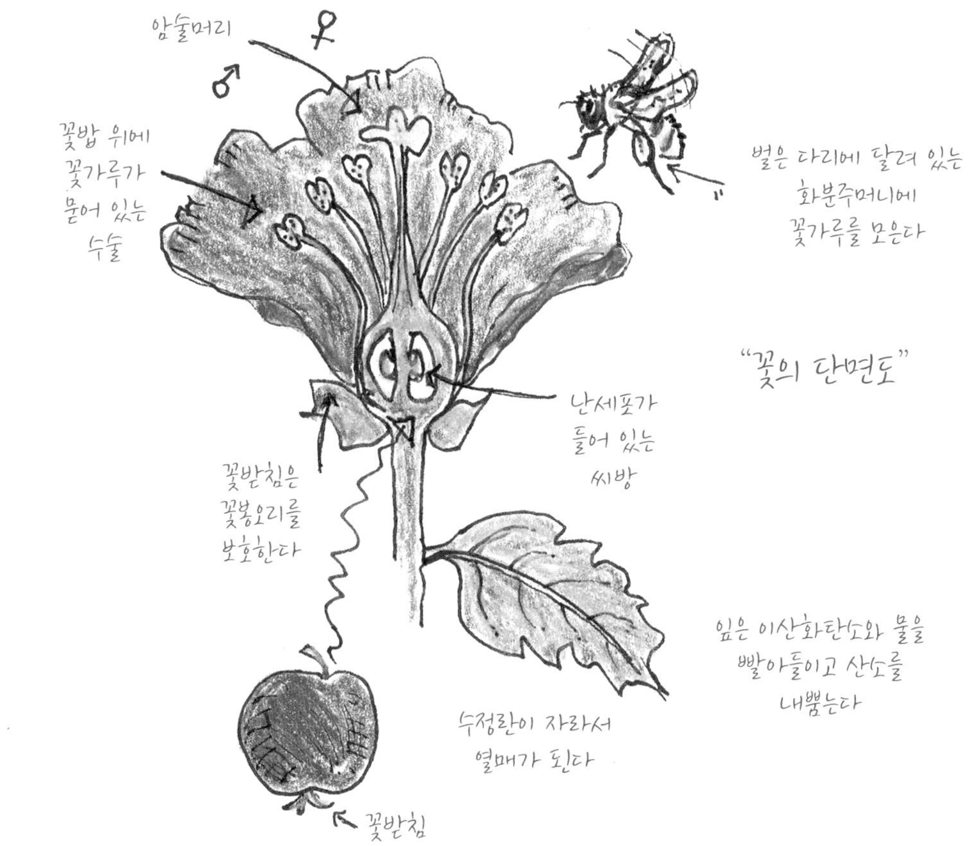

꽃가루는 하늘하늘 춤추며

식물이 선사하는 과일과 견과, 씨앗은 모두 씨방 안의 난세포가 수정과 분열을 거쳐 생산해낸 일종의 축복이다. 이 과정은 우리의 생각보다 훨씬 까다롭다. 같은 종류의 수꽃에서 나온 꽃가루가 암꽃의 암술머리에 앉아야 비로소 결실이 맺어진다. 어떤 식물은 바람을 타고 쉽사리 꽃가루를 옮기지만, 대부분의 것들은 곤충의 힘을 빌려 결실을 맺는다. 과일이나 채소를 먹을 때, 그리고 꽃을 살 때엔 축복을 내려준 벌과 나비, 거미와 벌새에게 감사를!

초대 받지 않은 손님

사람이 심지도 않았는데, 저절로 자라난 이들이 있다. 그들을 우리는 야생화라 부른다. 어떤 야생화는 정원에 심어져 가꿔지는 호사를 누리기도 하지만, 초대받지 않은 손님은 잡초라는 이름으로 홀대를 당한다. 잡초weed란 '원하지 않은', 혹은 '작은'이라는 뜻의 고대 영단어weod로부터 비롯된 슬픈 이름이다. 그러나 그럼에도, 그들은 얼마나 강한가! 시멘트 틈 사이에서, 위험한 철로 옆에서, 아주 작은 인도 옆에서 척박함을 이겨내고 홀로 자란 그들은, 태초부터 씨앗 가방과 곡식 자루 등에 담긴 채 다른 나라로 전해져서 피어나기도 했다.

TRY THIS

몰래 고개를 내밀고 있는 야생초를 찾아 관찰해보라. 사진을 찍어도 좋고, 스케치를 해도 좋다. 설사 솜씨가 너무 서툴다 해도, 개의치 말기를. 채집해서 말려보는 것은 어떨까. 그들의 이름도 알아내 불러보자. 박주가리, 소리쟁이, 우엉, 달맞이꽃, 치커리, 제각기 다른 그들의 이름을 모아 정답게 불러주자.

벌레나 잡초쯤으로 잊혀
우리 발치에 놓인 생명체는
그것 자체로 생명이다.
그것들도 이름이 있고
백만 년에 걸친 역사가 있으며,
당당히 이 세상에서 차지한 자리도 있다.

– 에드워드 윌슨, 《생명의 미래》 중에서

풀, 우리의 땅을 덮고 있는

세계 이곳저곳에서 경작되는 여러 가지의 풀들 — 가령 밀, 보리, 옥수수, 귀리, 수수, 호밀, 쌀과 같은 — 은 우리에게 귀중한 식재료가 되어준다. 물론 그들 말고도, 다양한 모양새를 가진 풀들이 세계 곳곳에서 광활한 평원을 뒤덮고 있다. 이 무궁한 풀들 중, 밖으로 뻗어나가는 뿌리를 가진 몇몇은 사구와 언덕, 강둑이 침식되는 걸 막아주며, 우리의 세계를 지켜낸다.

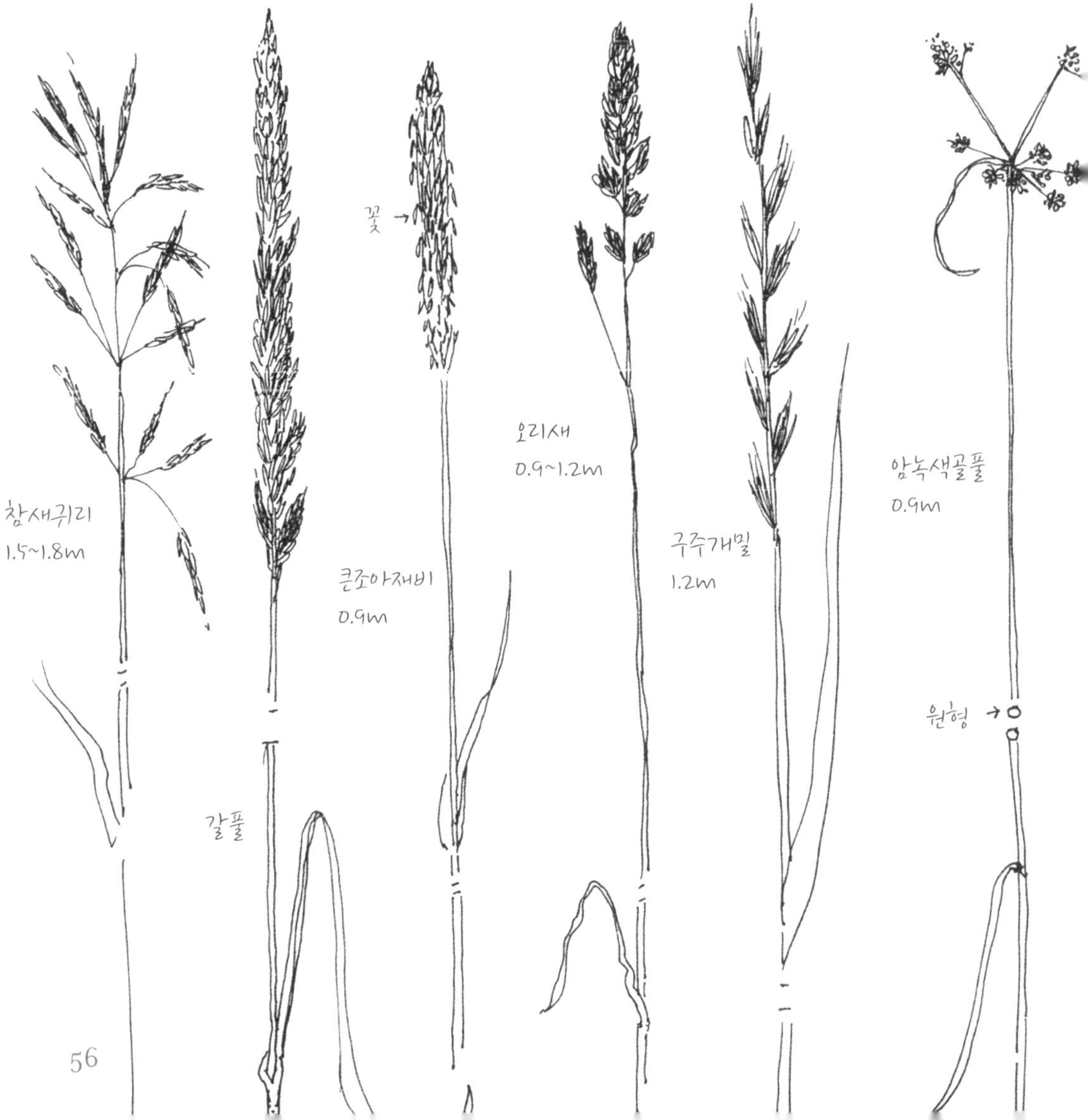

잔디밭을 걷게 되면, 새삼스레 감각을 일깨워보라. 온 오감을 곤두세우고 잔디밭의 감촉과 색깔, 냄새를 한번 느껴보라. 그리고 몸이 풀을 스치는 소리에 귀를 기울여보라. 나 이외의 다른 누군가가 몰래 수풀 사이를 지나고 있지 않은가? 숲속 다람쥐일까, 개구리일까, 아니면 새일까? 또 수풀을 뜯어먹으며 여유를 만끽하고 있는 건 누구일까? 무당벌레일까, 토끼일까, 아니면 메뚜기일까?

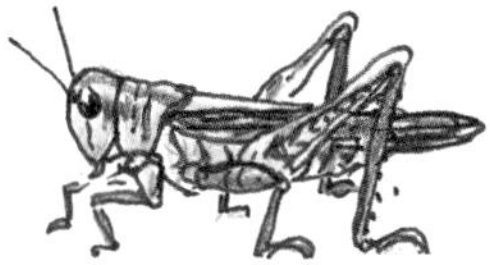

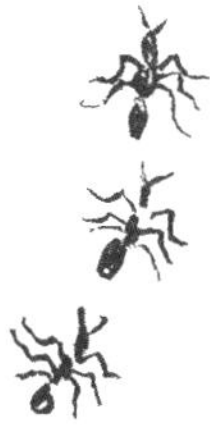

TRY THIS

막대 네 개와 끈을 준비하여, 풀이 난 곳이나 잔디밭에 1㎡ 정도의 작은 구역을 표시해보라. 잔디밭과 그 아래에 있는 토양을 관찰해보는 것이다. 그러고 나서, 당신이 발견한 것을 모두 기록해보자. 한 주, 혹은 한 계절이 흐른 후, 다시 관찰해서 발견한 새로운 사실들을 덧붙여서 적어보자. 당신의 토양은 어떻게 달라졌는가?

꽃은 피지 않는다

놀랍게도, 식물과 균류의 세계에는 꽃을 피우지 않는 조금 독특한 이들도 존재한다. 어둡고 습한 숲속에서 자라나는 버섯들, 그리고 그늘진 곳에 자리해 살아가는 이끼와 고사리들이 그러하다. 이들은 평생 꽃을 피우지 않는다. 그저 작은 알갱이 같은 포자로 후손을, 자신의 흔적을 살짝 남길 뿐이다.

목도시흙밤버섯은
갈라지며 포자를
터뜨린다.

주름버섯목

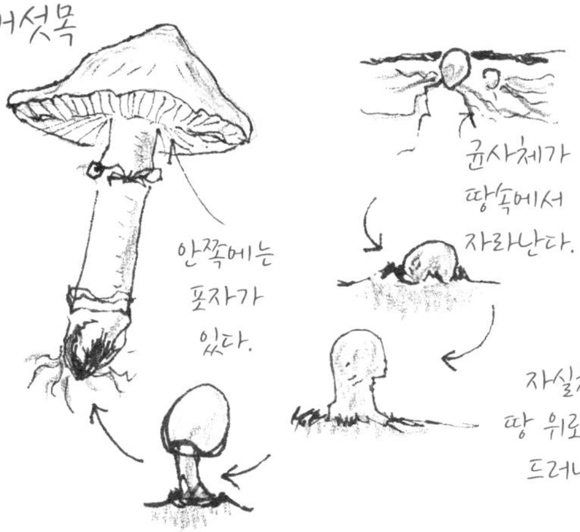

이끼의 포자낭

구멍장이버섯목

균류는 나무에서 저절로
자라나 죽은 나무를
분해한다

TRY THIS

버섯마다 갖고 있는 포자의 무늬를 본 적이 있는가?

항상 봐왔지만 무심코 지나친, 버섯 고유의 무늬를 한번 만나보라. 잘 자란 버섯을 찾아 대를 제거하고, 갓만 남은 버섯을 주름살 부분이 아래를 향하도록 하여 종이나 유리 위에 올려놓으면 된다. 바람이 들지 않도록 유리잔으로 덮은 뒤, 하룻밤 동안 그대로 놓아둔다. 다음날 아침, 컵을 치우고 조심스럽게 갓을 들어 올리면, 버섯이 가진 예쁜 포자 무늬와 만날 수 있으리라.

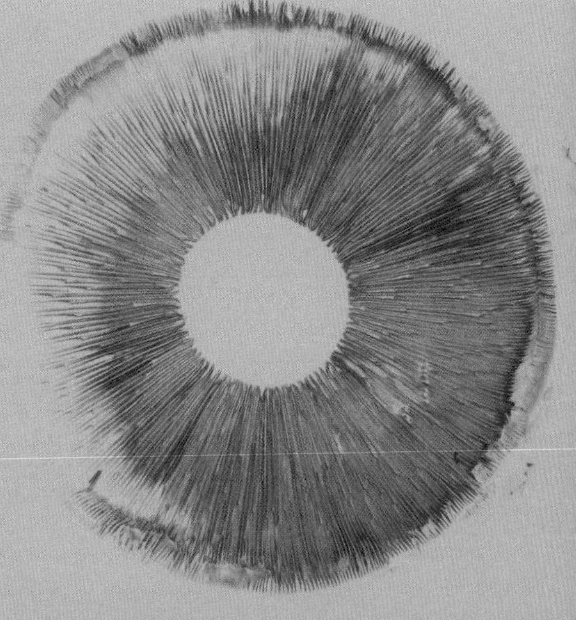

이끼는 마치 개척자와 같다. 그들은 차갑고
울퉁불퉁한 바위의 오래된 틈새, 건조하고 척박한 땅,
심지어 썩은 통나무에서도 꿋꿋이 자라난다.
그들에게 필요한 건, 오직 깨끗한 공기뿐.
그 외에는 아무것도 바라지 않고,
아무것도 요구하지 않는다. 피터 래빗을 탄생시킨
19세기의 동화 작가, 베아트릭스 포터Beatrix Potter는
이끼가 조류와 균류가 만나 탄생시킨 조합물임을
발견했다. 비록 생전에 널리 알려지진 못했지만,
얼마나 대단한 발견인지!
그래서 그녀는 여전히, 예술가이며 동시에
훌륭한 동식물학자로 불리운다.

바위 위에서 고요히 폭발하는 이끼는
사방으로 번져나가
회색빛 동심원 무늬의 이끼 군락을 이룬다.
기억 속 이끼는 그대로인데,
그들은 달무리를 닮기로 작정했나 보다.

— 엘리자베스 비숍의 《샴푸》에서

Did you know?

이끼가 얼마나 수많은 동물의
조력자인지 알고 있는가? 그들은
새를 비롯한 여러 동물들에게
먹이와 집짓기 재료를 제공하는
원천이 되어준다. 심지어 그들은
오랜 시간 동안 인간에게도 도움을
주어왔다. 그들은 직물 염색에도
기꺼이 힘을 빌려주며, 수세기
동안이나 스코틀랜드의 타탄체크
무늬에도 자신의 노란색, 초록색,
라벤더색을 선사해왔다.

식물 중에도 꽃을 피우지 않는
별난 이들이 존재한다. 그들 중 하나인
고사리류 식물은, 그 안에서도 1만여 개가
넘는 이름으로 나누어진다. 고사리의 뾰족한
잎사귀들은, 동그랗게 말려 있던 어린잎이
자라면서 팔을 뻗어 펼쳐진 것.
이들 역시, 꽃을 피우지 않으므로 포자로
자신의 흔적을 남긴다. 고사리의 잎새 아랫부분이
포자로 뒤덮여 있는 모습을 본 적이 있는가?

아! 누가 이다지도 엄청난 기적을 만드는 걸까?
내게는 모든 일이 기적이다.
맨해튼 거리를 걷는 일도,
하늘을 향해 뻗은 지붕을 바라보는 일도,
해변의 얕은 바다를 맨발로 거니는 일도,
숲속 나무 아래에 서 있는 일도,
연인과 한낮에 사랑을 속삭이는 일도.

– 월트 휘트먼의 《풀잎》 중 "기적" 편에서

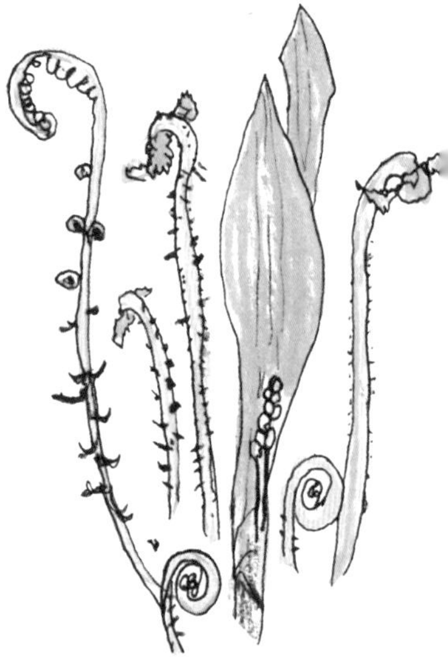

Did you know?

고사리는 우리의 식재료가 되어주기도 하지만, 몇몇 고사리들은 건축의 재료가 되기도 한다. 뉴질랜드의 마오리 족은 나무고사리를 건축에 쓴다. 나무고사리는 그 종류에 따라 아주 작기도, 어마어마하게 크기도 하므로, 따뜻한 지역에서 자란 나무고사리는 15m에 이를 만큼 거대하다.

나무,
바로 우리 곁의

숲을 걸을 때엔, 잠시 위를 올려다보라.
나뭇잎과 나뭇가지가 미로를
수놓고 있지 않은가.
무수한 나무들이 수놓은,
그 복잡하고 다채로운 모양들을 한번
지그시 올려다보라.
햇살이 따사로운 오후에는 저절로
나무를 찾게 된다. 뜨거운 태양 아래
도로와 잔디, 빌딩 옆면에 드리워진
나무 그늘은 눈이 부시도록 아름답다.
나무가 없는 곳에 산다고 상상해보라.
더 덥고, 더 춥고, 더 거센 바람이 불고.
야생동물의 둥지도 아마
없어질 터이다.

주변에 나무가 많은 걸 좋아하는가?

좋다면 왜이며, 싫다면 또 왜인가.

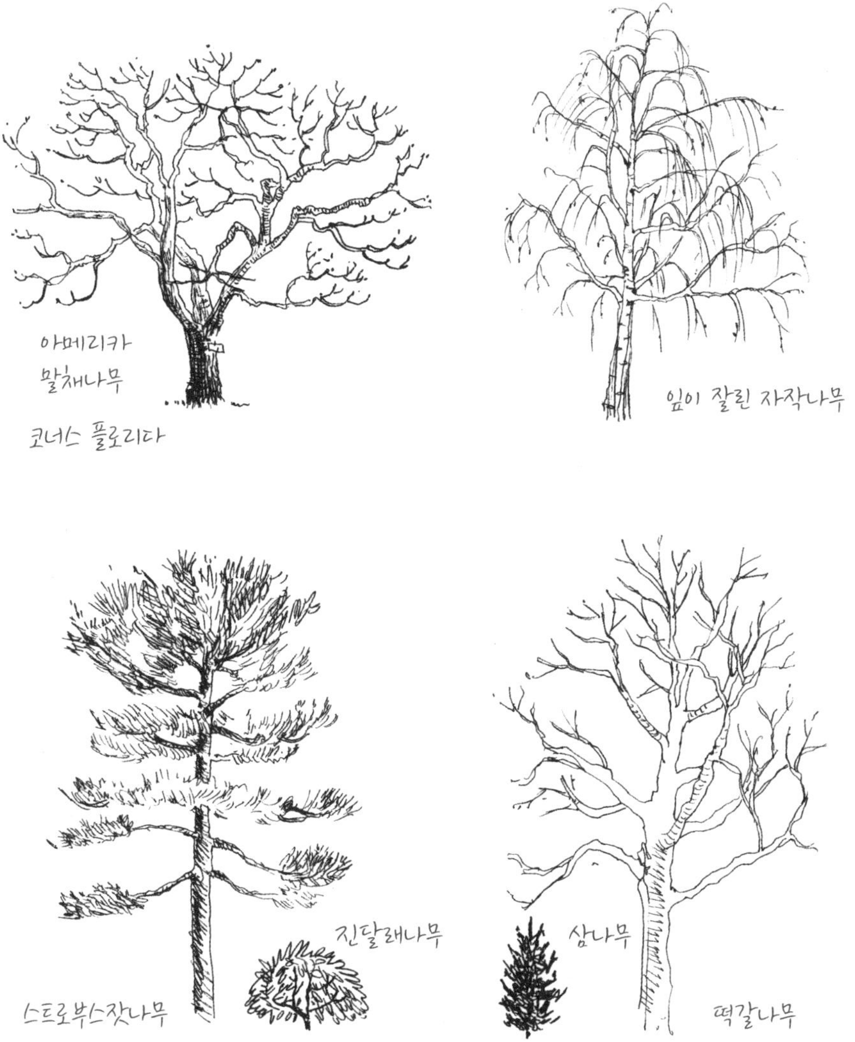

주변에서 이렇게 생긴 나무들을 볼 수 있는가? 당신이 매일 다니는 그 길에, 얼마나 많은 종류의 나무가 자라고 있는지 한번 눈여겨보라. 어린 나무인지 늙은 나무인지, 누군가에게 보살핌 받아 잘 손질되어 있는지, 아니면 그렇지 못한지.

낙엽수, 가을이 되면 그들은

겨울이 오기 전, 부러 잎사귀를 떨어뜨리는 나무들이 있다. 그들은 나뭇가지들이 혹 눈에 짓눌려 부러지거나, 잔가지가 얼어 부러지지 않게 하기 위해 가을이 되면 이파리를 모두 떨쳐 낸다. 이들을 우리는, 낙엽수라 부른다. 겨울을 나는 동안 수액은 뿌리 속으로 숨어 들어간다. 그러다 따뜻한 봄이 찾아오면, 수액은 한가득 당분과 영양분을 머금고, 가지를 타고 올라간다. 꽃봉오리와 잎사귀를, 다시금 새로이 피어나게 하기 위하여.

Did you know?

떡갈나무 껍질과 잎에서 찾아볼 수 있는 물질이 있다. 혹 태닝tanning이란 말을 아는가? 태닝이란 말은 떡갈나무에서 나오는 갈색의 자연화학물질, 타닌산으로부터 비롯되었다. 자연이 주는 이 선물을 이용해 우리는 가죽을 무두질하고, 염색한다.

단풍, 새로운 빛깔로

북반구에 가을이 찾아오면, 한층 추워진 날씨는 나무에게 광합성 작용을 그만하라는 신호를 보낸다. 초록색 화학물질인 엽록소, 그리고 수분은 천천히 잎사귀에서 물러난다. 그들이 물러나면, 잎 속에 감춰져 있던 다른 물질들의 색깔이 서서히 고개를 내민다. 빨강, 주황, 자주, 노랑……. 그러나 잎들이 떨어져 마르기 시작하면 이 색깔들도 점점 빛을 잃고, 잎이 부식하여 새로운 토양으로 변모하는 마지막 단계에는 결국 갈색만 남는다. 낙엽과 덤불로 만들어진 뿌리 덮개는, 사나운 겨울 동안 수많은 생명에게 보호책을 제공한다.

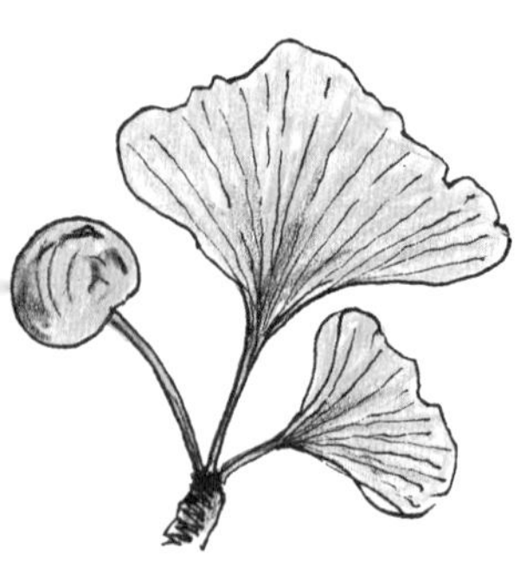

Did you know?

우리 주변의 그 흔한 은행나무가 얼마나 강한지 생각해본 적이 있는가. 사실 그들은, 가장 오래된 나무종 중 하나이다. 은행나무는 마지막 빙하기에도 살아남아 아직까지 꿋꿋이 명맥을 이어가고 있다. 그런 생명력에 대한 찬사로, 찰스 다윈은 이들을 '살아있는 화석'이라 칭했다. 그들은 가을이 되면, 부채꼴 모양의 잎사귀를 아름다운 노랑으로 물들인다. 은행나무는 우리에게 시원한 그늘을, 또 맛있는 은행을 선사해준다.

부러운 단풍
자태를 뽐내더니
지고 말았네

– 시코우 (일본 시인)

TRY THIS

아름다운 나뭇잎들을 좀 더, 하나하나 들여다보고 싶지 않은가? 나뭇잎들을 모아와 종이 타월 사이에 놓은 후, 그 위에 무거운 책 더미를 올려 꾹 눌러주자. 잎이 충분히 마르게 되면, 마른 나뭇잎을 종이에 붙여 관찰할 수 있다. 그리고 새로이 발견한 사실을 밑에 기록해보자. 식물학자들도 오랫동안 이와 비슷한 방법으로 식물 표본을 모아왔다.

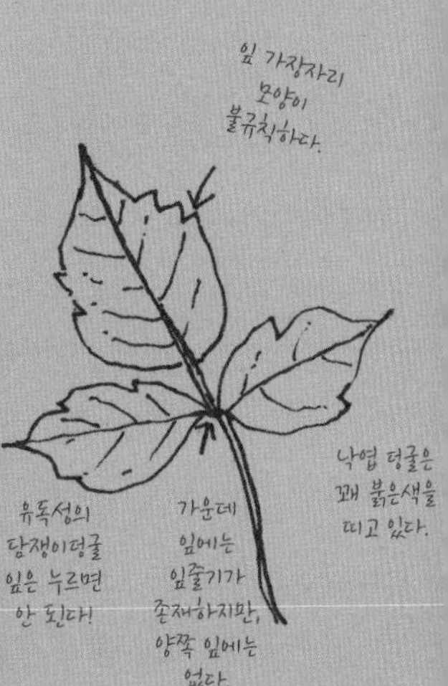

겨울이 오면 만나는

겨울이라고 모든 식물들이 볼품없어지는 건
아니다. 겨울에만 볼 수 있는 꽃눈을 만나러,
산책을 가보자. 앙증맞고 아늑한 보호막
속엔 내년에 피어날 씨앗이 잠자고 있다.
봄이 오면 피울 꽃과 잎,
그리고 새롭게 자라날 잔가지들도.
누가 알려주지 않는다 해도, 그들은
마치 마법처럼 제 시간이 오면 꽃눈을
터뜨린다. 단, 위대한 대자연이 갑작스레
폭풍우를 선사하지만 않는다면.
당신이 가장 좋아하는 그 나무가,
언제쯤 작은 꽃눈 싸개를
터뜨리는지 한번 알아보자.

Did you know?

가을에 잎을 떨어뜨리는 나무들은, 사실
여름 동안 열심히 다음 해에 피어날 꽃눈을 만든다.
여전히 잎을 단 채로, 복잡한 조직을
만들 에너지까지 비축하면서 말이다.

봄꽃은

늦은 겨울엔 개나리
가지를 20cm 정도
잘라 물에 담가두라.
곧 꽃이 피어날 것이다.

목련은 잎이 나기 전에
꽃을 먼저 피운다.

붉은단풍나무꽃은
암수의 구분이 있는 꽃.

싹을 틔운
라일락

Did you know?

사탕단풍나무, 박달나무, 노르웨이단풍나무가 갖고 있는 봄철의 수액은 아주 달콤하다. 그리고 이 수액을 모아, 졸을 때까지 끓이면 단풍나무 시럽이 된다. 물론 이 시럽을 맛보기는 결코 쉬운 일이 아니다! 사탕단풍나무는, 무려 150L의 수액을 모아야 겨우 4L 가량의 시럽을 만들 수 있으니까.

상록수, 언제나 푸른

아주 추운 날씨에서도 꿋꿋이 적응하는 나무가 있다. 시간이 지나고, 계절이 바뀌어 매서운 바람이 불어도 상록수는 늘 푸르른 모습을 유지한다. 일종의 천연 부동액 역할을 해주는 상록수의 수액은, 그 진득함으로 바늘 같은 잎이 얼지 않도록 막아준다. 더불어 가늘고 억센 바늘잎은 나무진으로 덮여 있어, 나무는 사계절 내내 충만한 물기를 보존할 수 있다.

스트로부스 잣나무
5개의 바늘

홍송
2개의 바늘

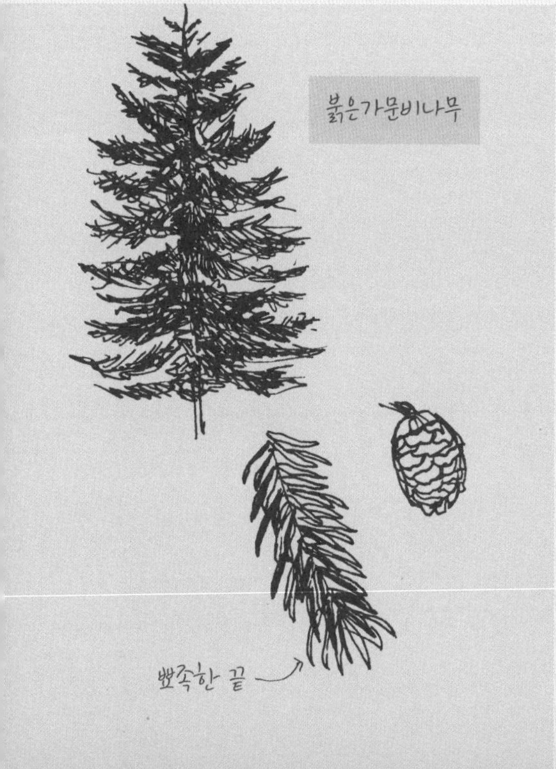
붉은가문비나무
뾰족한 끝

발삼전나무

겨울에도 견딜 수 있도록

겨울이 오기 전에 잎을 떨어뜨리지 않는 나무도 있다.
그들은 한꺼번에 이파리를 떨구는 대신 한 해에 걸쳐
제각기 떨어뜨리고, 잎새들 역시 제각기 새로 난다.
우리는 이들에게 상록 활엽수라는 이름을 붙였다.
인간이 그렇듯, 나무들도 자라는 곳에 따라
그 모습을 달리 한다. 더운 곳의 상록 활엽수는 더 많은
물기를 머금기 위해 더욱 두꺼운 잎을, 추운 곳의 상록 활엽수는
얼지 않을 정도로만 두꺼운 잎을 매단다.
그 이름은 낯설지 몰라도, 이들은 언제나 인간의 곁에 있다.
이를테면 목련, 진달래, 호랑가시나무, 털가시나무처럼.

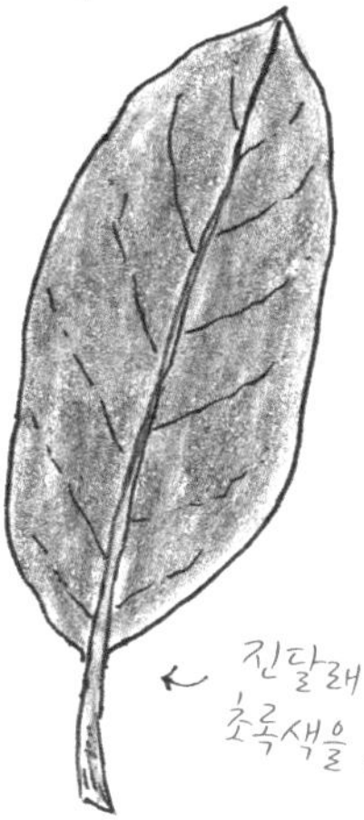

Did you know?

아주 거친 환경에서도 견딜 수 있도록 적응한 이들이 있다. 풀과 나무가 생존할 수 있는 한계를 넘어선 곳에서도 꿋꿋이 자라는, 가문비나무와 전나무. 차갑고 거센 바람과 휘몰아치는 눈보라 속에서도 그들은 쓰러지지 않는다. 땅에 바짝 붙어, 절대 쓰러지지 않도록 적응해왔다. 이들을 부르는 다른 이름은 크룸홀츠krummholz, 독일어로 구부러진 나무를 뜻한다.

숲속을 거닐며

당신의 주변에는 어떤 숲이 있는가?

어떤 숲이든 좋으니, 숲속을 걸으며
당신의 모든 감각을 일깨워보라.
동양에서는 건강을 위해 숲속을
걷는 것을 삼림욕이라 부른다.
숲을 산책하며 내 안의 감각을 하나
둘, 깨우다 보면 몸과 마음은 평온과
안식을 얻을 수 있으리라.

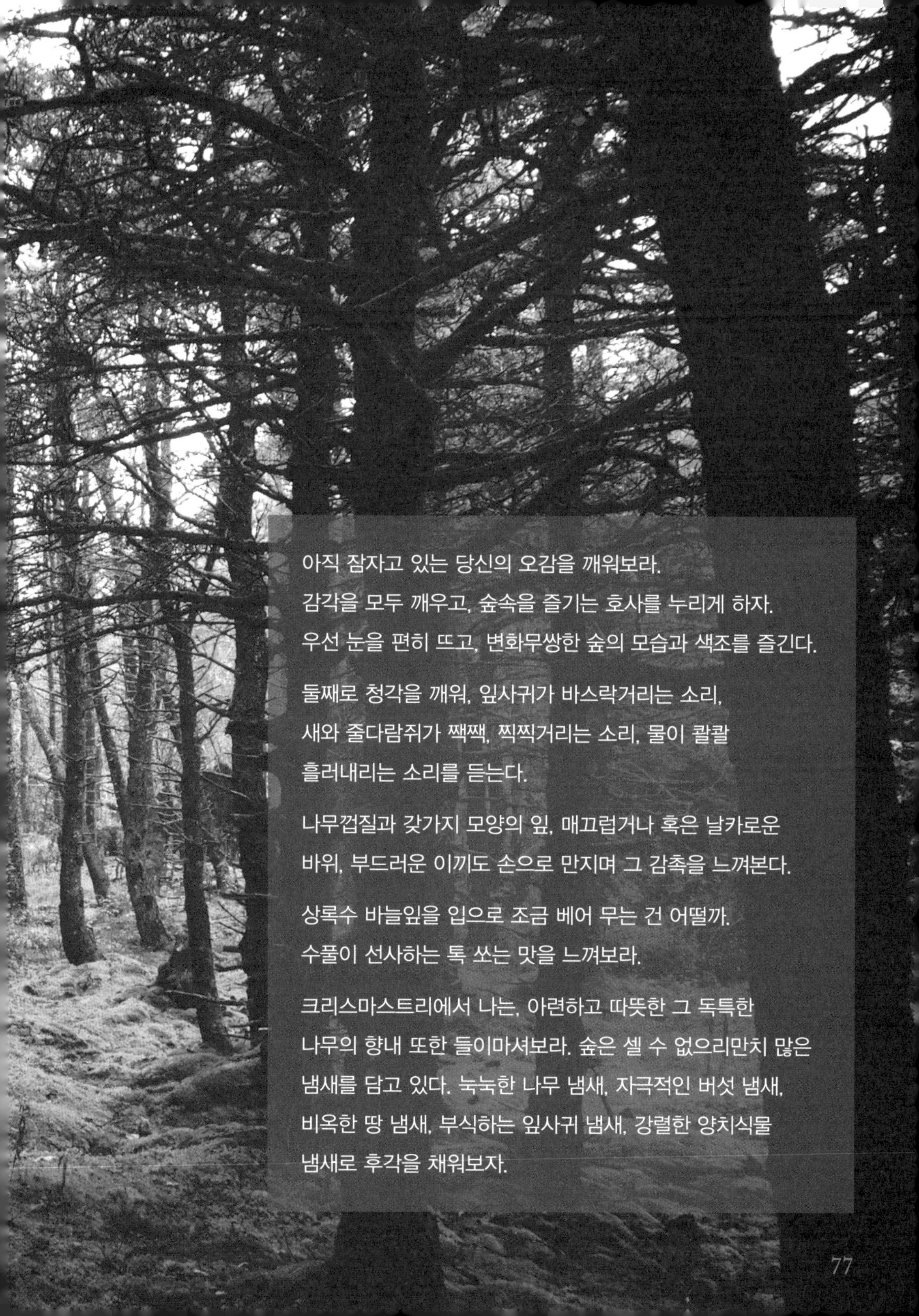

아직 잠자고 있는 당신의 오감을 깨워보라.
감각을 모두 깨우고, 숲속을 즐기는 호사를 누리게 하자.
우선 눈을 편히 뜨고, 변화무쌍한 숲의 모습과 색조를 즐긴다.

둘째로 청각을 깨워, 잎사귀가 바스락거리는 소리,
새와 줄다람쥐가 짹짹, 찍찍거리는 소리, 물이 콸콸
흘러내리는 소리를 듣는다.

나무껍질과 갖가지 모양의 잎, 매끄럽거나 혹은 날카로운
바위, 부드러운 이끼도 손으로 만지며 그 감촉을 느껴본다.

상록수 바늘잎을 입으로 조금 베어 무는 건 어떨까.
수풀이 선사하는 톡 쏘는 맛을 느껴보라.

크리스마스트리에서 나는, 아련하고 따뜻한 그 독특한
나무의 향내 또한 들이마셔보라. 숲은 셀 수 없으리만치 많은
냄새를 담고 있다. 눅눅한 나무 냄새, 자극적인 버섯 냄새,
비옥한 땅 냄새, 부식하는 잎사귀 냄새, 강렬한 양치식물
냄새로 후각을 채워보자.

주변의 작은 이웃을 만나러

당신의 작은 이웃들이 누구인지 궁금하지 않은가? 길을 걷다 둥지나 나무 구멍을 보면 슬쩍 들여다보자. 새, 다람쥐, 너구리, 혹은 쥐 같은 친구들이 살고 있는지 살펴본 후, 인사를 건네보라. 우뚝 서 있는 죽은 나무는, 수많은 동물을 만날 수 있는 보금자리이니!

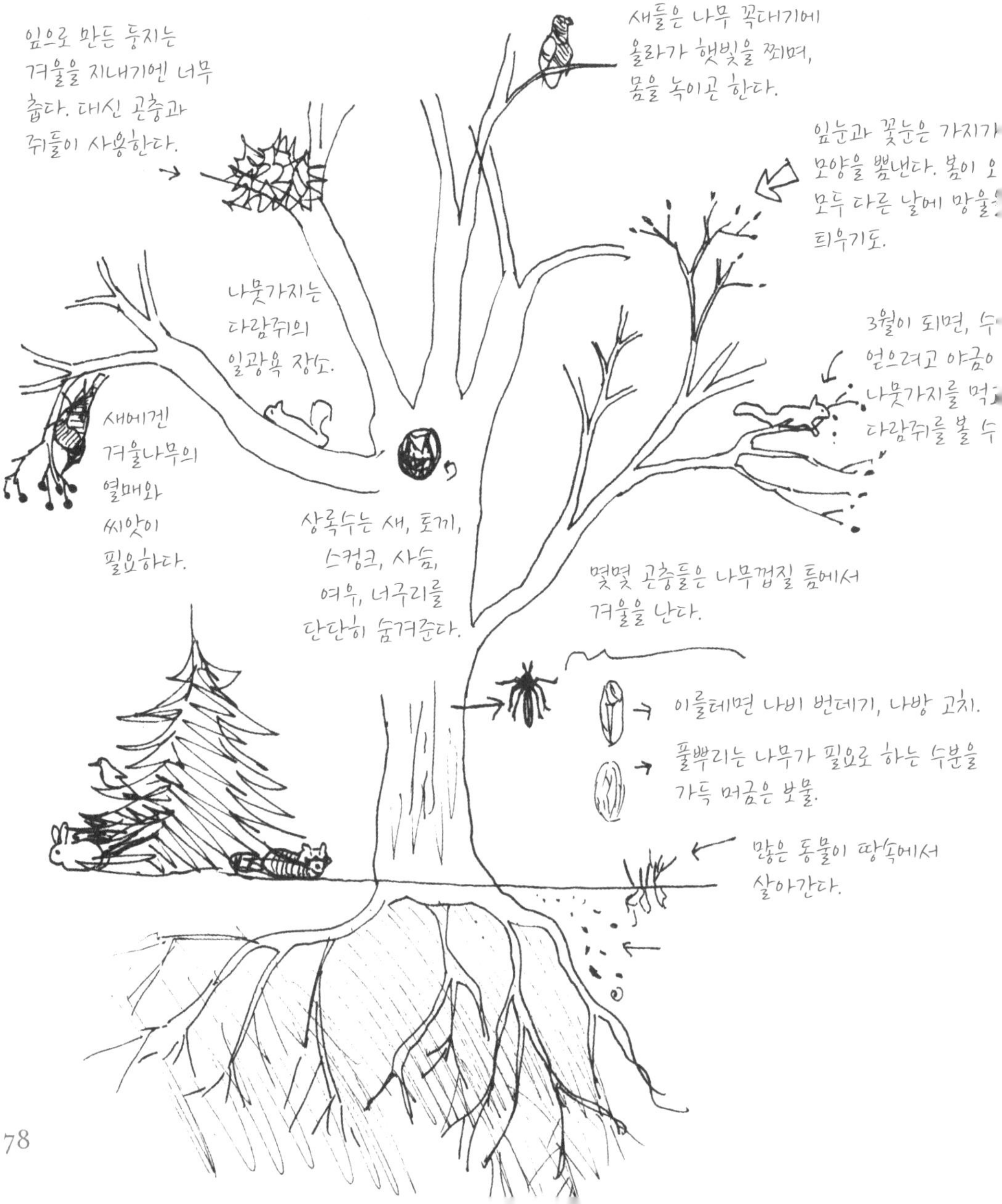

박쥐

붉은다람쥐(붉은다람쥐,
줄다람쥐, 나무다람쥐)

주머니쥐

땅을 긁고 있는 여우

호저

흔적,
아주 비밀스럽게

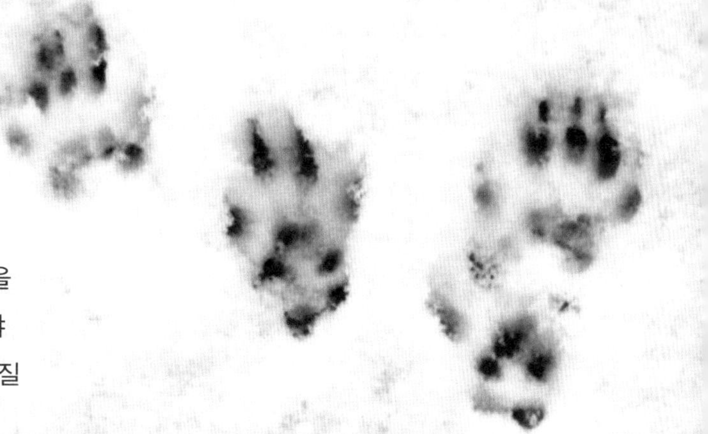

아쉽게도 우리의 친구,
동물들은 매우 비밀스럽다.
그래서 한 마리라도, 그들의 흔적을
찾으려면 꽤나 많은 시간을 들여야
하는 법! 많은 동물들이 땅거미가 질
때나 이른 새벽, 한밤중이 되어야
겨우 고개를 내민다.
우리 인간이 볼 수 있는 거라곤,
그들이 밤새 남긴 흔적뿐.

TRY THIS

그들이 남긴 흔적을 잘 들여다보자. 과연 간밤에 누가 지나갔는지, 내 주변에는 어떤 이웃이 사는지, 눈을 크게 뜨고 귀를 쫑긋 기울이며 살금살금 산책을 해보라. 혹시 눈 위나 진흙에 발자국이 나 있지 않은가? 아니면 어떤 작은 식물이 밤새 갉아 먹혀 있지는 않은가?
눈을 크게 뜨면, 실수로 떨어뜨리고 간 털, 배설물 같은 것들을 발견할지도 모른다.

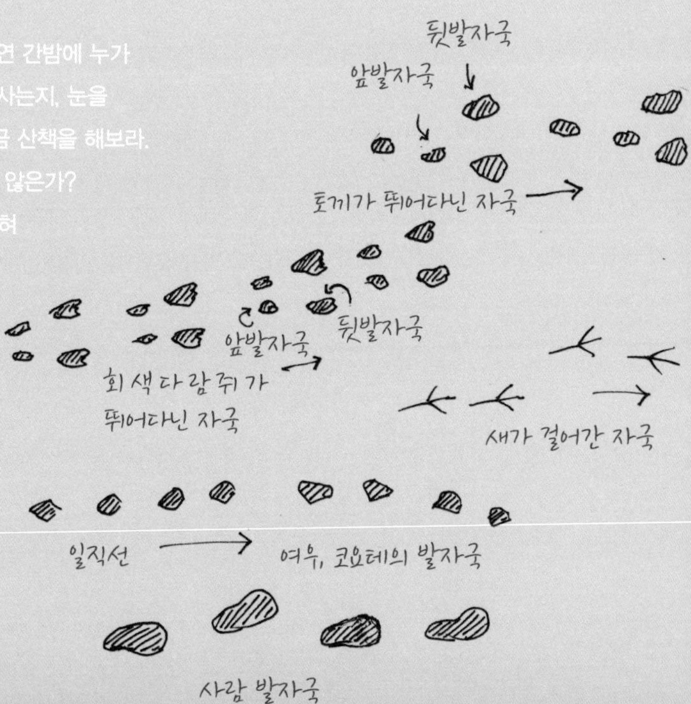

귀로 들리기만 할 뿐,
눈으로는 절대
볼 수 없는
흔적도 존재한다.

숲을 지나다 보면, 동물들이
내는 경고음을 들을 수 있다.
얼룩다람쥐가 지나갈 때
나무가 바스락거리는 소리,
비버가 꼬리로 수면을
내리치는 소리,
사슴이 힝힝거리는 소리,
너구리가
깽깽거리는 소리,
여우가 우는 소리…….

우리 집 뒤뜰에서
키 큰 풀을 뜯어 먹고 있는
무스moose
2014년 8월 6일의 기록

TRY THIS

강가나 들판, 숲에서 조용한 장소를 찾아보라. 바스락바스락 수풀 소리만 들리는 고요한 곳에 앉아 눈을 감고, 자연의 목소리에 귀를 쫑긋 세워보라. 무슨 소리가 들리는가? 바스락거리는 소리, 재잘거리는 소리, 오물거리는 소리, 힝힝거리는 소리? 혹시 새들의 지저귐이나 바람 소리도 들리는가? 아니면 공교롭게도 비행기가 날아오르는 소리를 들을지도! 소리를 들었다면, 눈을 뜨고 어디서 나는 소리인지 찾아보자.
운이 좋아 동물과 마주했다면, 침착하게 잠시 바라보자. 동물도 당신을 인지하고 쳐다볼 때까지!

늑대와 여우, 코요테와 같은 개 과科의 동물들은, 아주 다양한 환경에 적응해왔다.

심지어 때로는 살기 척박하고 아주 어려운 곳에서도.

그들은 대체 어떻게 자신을 사는 곳에 맞추었을까.

사막에 사는 키트여우는 열을 발산하기 위해 큰 귀를 갖고 있다. 작고 호리호리한 몸매를 자랑하며, 0.6~0.8m의 작은 크기.

교외나 농장 인근에 사는 붉은여우는, 0.9m에서 1.2m 정도의 크기.

코요테는 서부 초원이나 대초원 지대에서 동쪽으로 이동해왔다. 그들은 1m에서 1.3m 정도까지도 자라난다.

북극여우는 열을 보존하기 위해 두꺼운 털, 다부진 몸매, 짧은 귀를 갖추었다. 겨울에는 흰색이지만, 여름에는 진갈색으로 색깔을 바꾼다. 0.7m~0.9m의 크기.

회색여우는 육중한 몸의 소유자. 북부의 황무지 환경에 맞게 보호색을 띤다. 0.9m에서 1.8m까지 다양한 크기.

하늘을 날아서

새는, 늘 인간의 마음을 사로잡아 왔다. 몇몇 친숙한 새들은 흔쾌히 일상을 보여주기도 한다. 우리는 새가 날아다니는 모습을 볼 수 있고, 때론 모이를 먹고 그걸 새끼에게 먹이는 모습도 볼 수 있다. 새들은 시선을 상관치 않고 몸을 치장하고, 지저귀며 노래한다. 운이 좋다면, 나뭇가지를 입에 물고 열심히 둥지를 짓는 새들도 본 적이 있을 터이다. 이렇듯 그들의 일상을 보다 보면, 새의 생활방식은 신비롭고도 놀랍게 느껴진다. 그들은 마치 우리 삶의 일부인 것처럼, 나타났다가도 훨훨 날아가 버린다. 그러나 그렇게 많은 모습을 엿보면서도, 우리는 여전히 많은 새들의 행동 양식을 잘 알지 못한다.

희망은 날개 달린 것,
영혼에 내려앉아 가사 없는 노래 부르네.
그치지 않는 그 노래.

– 에밀리 디킨스

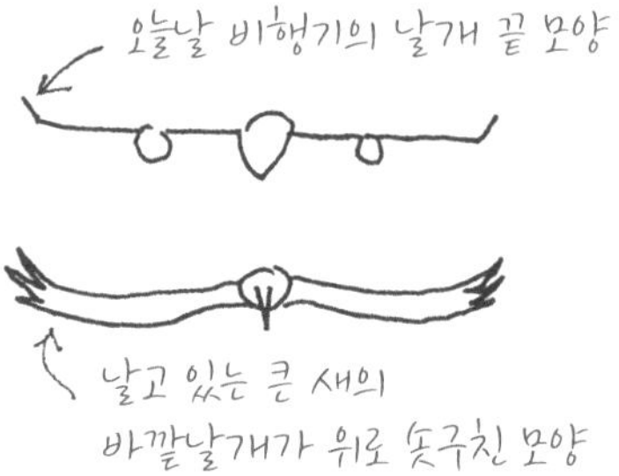

하늘 높이 나는 새들을 동경해온 인간은, 결국엔 그들을 모방해냈다. 비행기는 새의 속이 빈 뼈, 각진 날개, 그리고 새의 비행 물리학을 모방하여 설계되었다. 오토바이 헬멧 역시 딱따구리의 머리 모양을 본떠 만든 것이고.

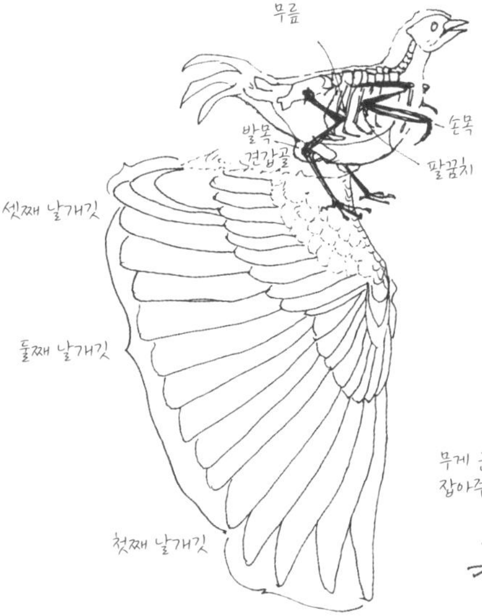

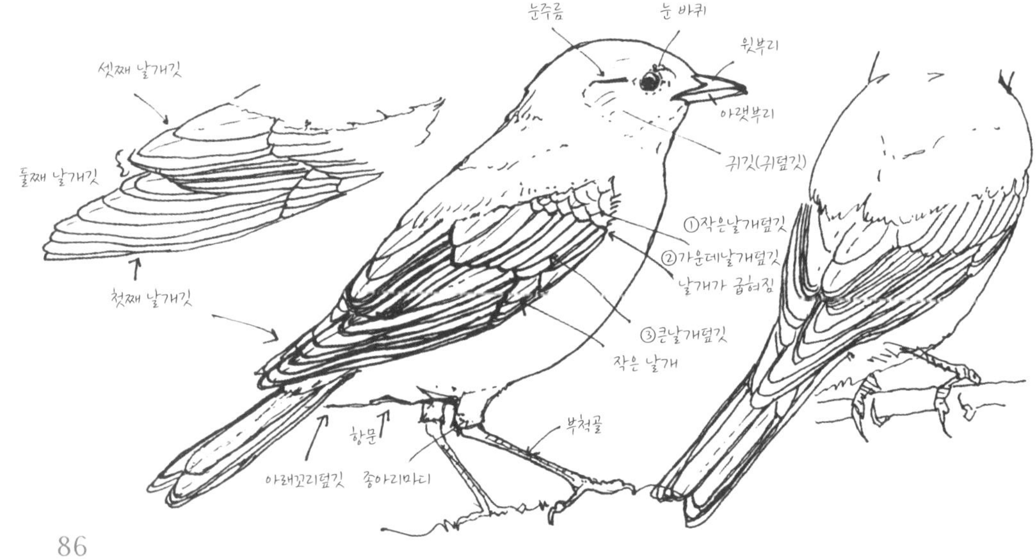

TRY THIS

이른 아침, 새의
지저귐 소리에 잠에서
깬 적이 있는가?
새를 쫓아보내지 말고,
잠깐만 그 소리에
귀를 기울여보라.
매일 아침 같은 소리가
들리는가? 한낮에도,
밤에도 한번 그 소리에
귀를 열어보자. 매 시간
같은 소리가 들리는가?
새의 지저귐이 어디에서
들려오는지 찾을 수 있는가?
한 종류의 새를 골라서,
아니, 할 수만 있다면
딱 한 마리만 당신만의
특별한 새를 골라서
매일매일 그 모습을 자세히
관찰해보라.
그 새가 어떤 특별한 습관을
갖고 있지는 않은지,
또 울음소리는 어떠한지,
매일 교감해보라.

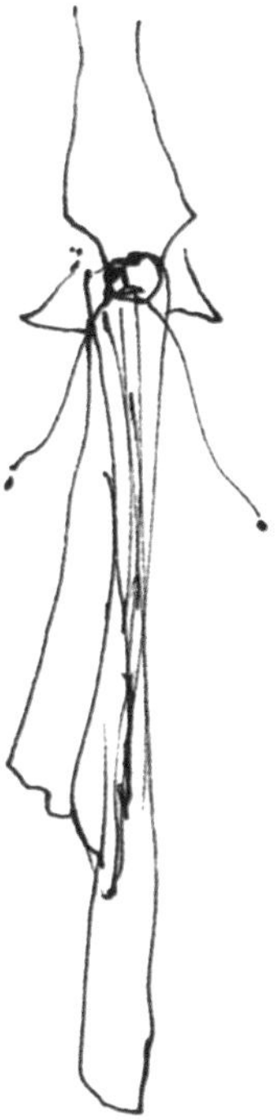

제왕나비, 작디작은 이주자

강렬한 오렌지 빛깔, 그와 대비되는 검은색이 어우러진 나비를 우리는 제왕나비라 부른다. 그 이름은 아마도 오렌지 공이라 불린 윌리엄 3세가 집권한 후, 초기의 정착민들이 그리 붙였을 터이다. 그들은 봄이면 캐나다의 북부까지 올라갔다가, 가을이면 멕시코 산맥으로 다시 내려오는 여행을 한다.
그 연약한 날개로 수천 킬로미터를 이동하며, 때론 태양을 이용해 길을 찾고, 또 때로는 그 작은 몸 안에 품고 있는 생체 위치 파악 시스템으로 길을 찾기도 한다. 제왕나비는 반드시 유액을 뿜어내는 식물의 잎에만 알을 낳고, 알에서 나온 애벌레는 그 식물의 잎만 먹으며 자라난다.
유액을 분비하는 식물의 이파리는 독성을 띠고, 독을 먹고 자란 제왕나비와 그들의 애벌레 역시 무서운 독을 품게 된다. 나비는 새들의 먹잇감이긴 하나, 제왕나비를 잡아먹은 새 역시 그 독에 무사할 수는 없을 터!

가장 많은, 또 아름다운

곤충은 지구상에서 가장 많은 갈래로 나누어지는 동물이다. 사실상 이 세상에 존재하는 모든 생물 종의 80% 가량을 차지할 정도로. 지금까지 인간에게 알려진 곤충만 세어도, 100만 종에 달한다. 그럼에도 과학자들은 말한다. 아직까지 발견되지 않은 곤충은 무려 수백만 종에 달할 거라고.
동식물 연구가들은 아주 오래전부터
곤충의 표본을 소중히 수집해왔다.
물론 곤충이 가진 특유의 아름다움,
그리고 형형색색의 생김새에 매혹되어서라는 이유도 있으나, 곤충이 어디에서 살아가며 아주 다른 환경에서 어떻게 살아남는지 배우기 위해 수집해온 것이다.
곤충은 식물의 생존을 돕는 꽃가루의 매개자이며,
동시에 다른 동물의 먹이가 되어 이 자연의 톱니바퀴가 굴러가게 돕는 귀중한 생명이다.

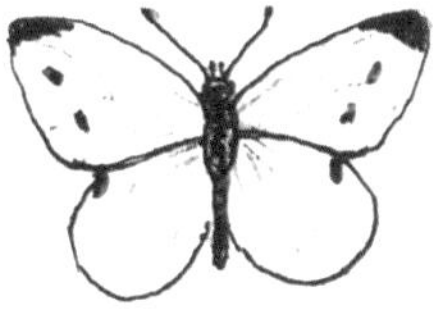

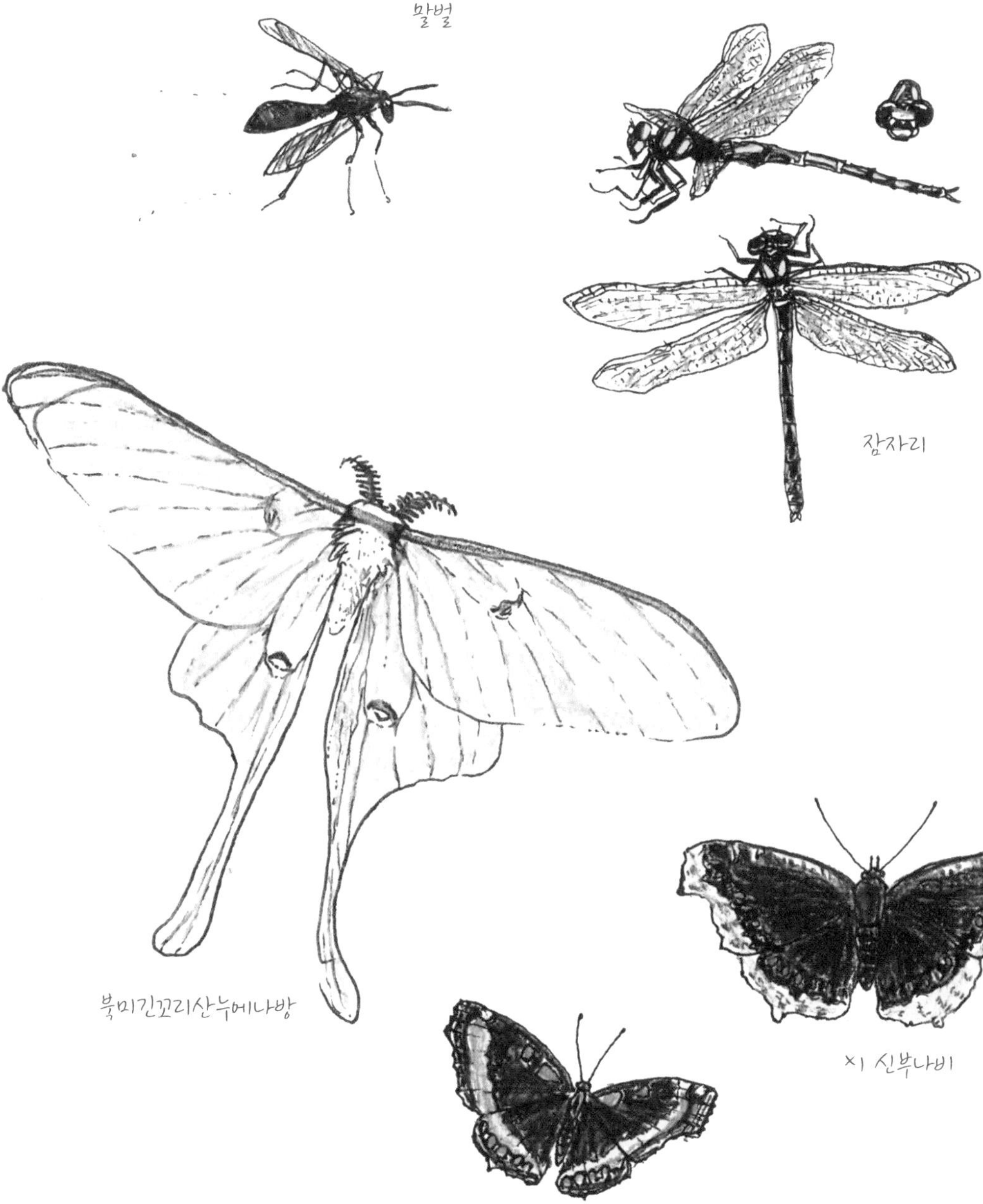
말벌
잠자리
북미긴꼬리산누에나방
×1 신부나비
×1 1/4 밀버트호랑나비

거미,
그리고 그들의 친척들

각기 다른 이름을 가진 거미들은, 제 집을 짓는 방식 또한 다르다. 우리는 그들을 통해 놀라우리만치 아름답고, 또 제각기 다른 거미줄을 맘껏 감상할 수 있다. 그들 중 몇몇은 아주 좁은 공간에서 함께 살아가기도 한다. 무엇보다도 거미는 자연의 친절한 청소부로, 인간에게 해로운 곤충을 자신의 거미줄로 옭아매 잡아준다.

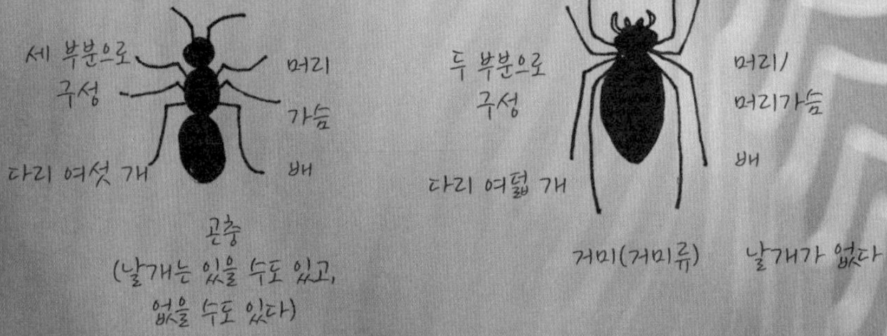

TRY THIS

혹시 이 모습을 슬쩍 엿보고 싶지 않은가? 이른 아침, 거미줄을 탐험해보라!
거미줄에 맺혀 있는 이슬에 아침 햇살이 드리우면, 드디어 가로등에, 나뭇가지에, 풀숲에 얽어놓은 거미줄이 모습을 드러낸다. 숨 죽여 조금만 더 기다려보라. 조금만 더 인내를 가진다면, 거미가 나타나 거미줄에 걸린 불쌍한 누군가를 돌돌 마는 모습을 볼 수 있을 터이니!

호랑거미는 한밤중에
아주 멋진 거미줄을 만든 다음,
낮에는 가만히 숨어 먹잇감을 기다린다.

저장고거미를 포함해
꽤나 많은 거미들이
실내에 거미줄을
친다. 그들은 주로
집파리를 잡아먹는다.

게거미는 거미줄을 치지 않는 대신,
식물의 색깔로 몸을 바꾸어
제 몸을 숨긴다.

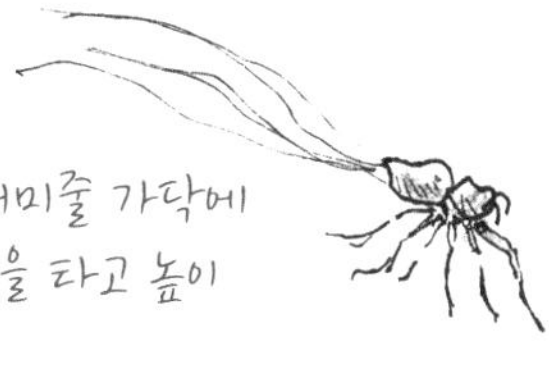

어린 거미들은 거미줄 가닥에
매달려서 바람을 타고 높이
이동할 수 있다!

가게거미는 하얀 거미줄을 잔디 위에
돗자리처럼 깔고, 구멍 속에 숨어 먹잇감이
절로 오기를 기다린다.

게와 장님거미,
진드기는 거미의
친척뻘이 된다.

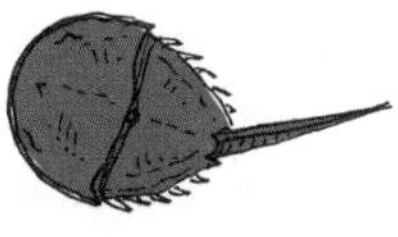

투구게

쥐며느리와 전갈

각종 진드기

Did you know?

황금빛 거미줄을 치는 황금무당거미는 높이 1.8m, 너비 0.6m에 이르는 거대한 거미집을 짓는다. 이 거대한 거미줄은, 다른 거미줄과는 달리 해체되지 않고 수년간 유지되기도 한다. 사실 얼핏 연약해 보이는 이 거미줄은, 상당한 내구성을 자랑한다. 남태평양의 어부들은 황금무당거미의 거미줄로 그물망이나 미끼, 덫을 만들기도 한다.

인생이란 거미줄은
가장 아름다운 거미의
줄보다 훨씬 더
복잡하다.
그 거미줄에는 영웅이
걸리기도, 악당이
걸리기도 한다.

– 샐리 로스, 정기간행물
〈늙은 농부의 연감〉
2013년 발행본 중에서

숨어 있는 동물 찾기

개구리와 같은 양서류, 뱀과 같은 파충류는 뛰거나 날지 못한다. 이들이 가진 또 다른 독특한 특징 하나는, 바깥의 온도에 따라서 체온이 바뀐다는 것. 아마 산속을 걷다 보면, 따뜻한 날엔 뱀이 바위 위에서 떡하니 일광욕을 즐기고 있는 모습을 발견할 수 있을 터이다. 가끔은 아무도 무섭지 않다는 듯, 사람이 지나다니는 길목 한복판에 배를 내밀고 누워 있는 도마뱀의 모습도 보인다. 그래서 이들은 겨울이 오면 안전한 장소를 찾아 긴 동면을 취한다. 송장개구리와 같은 일부 동물들은 겨우내 언 채로 있다가, 봄이 온 후에야 제 몸을 녹이기도 한다.

거북이는 2억 년 동안
그다지 변한 게 없다!

TRY THIS

개구리와 두꺼비는 유명한 노래꾼! 늦은 3월이나 이른 4월, 따뜻한 날 밤에 늪이나 얕은 저수지, 연못, 호수 근처를 한번 살펴보라. 그리고 조용히 앉아 귀 기울여보라. 곧 보이지 않는 합창단원들이 활기찬 목소리로 짝짓기 노래를 부르기 시작할 터이니!

물속 그들의 이야기

이 세상 최초의 물고기는, 약 5억 3천만 년 전
바다에서 태어났다.
물고기는 우리 인간과 달리 폐가 아니라
아가미로 숨을 쉰다.
그래서 그들은 민물이든 바닷물이든, 그것도
아니면 이 둘이 섞여 있는 물이든,
오직 물속에서만 호흡하고 살아갈 수 있다.

TRY THIS

사람들이 낚시하고 있는 장소를 찾아가거나, 친한 이들 중 낚시를 즐기는 친구가 있다면 슬그머니 그 친구를 따라나서 보자. 낚시터에서 사람들이 어떤 물고기를 잡는지, 어떻게 잡는지 자세히 관찰해보라. 어떤 이들은 낚시를 하면서 깊은 사색에 잠기기도 한다. 낚시라는 일에 얼마나 많은 인내심이 필요한지, 그들이 얼마나 인내심을 갖고 낚시에 집중하는지 보라.

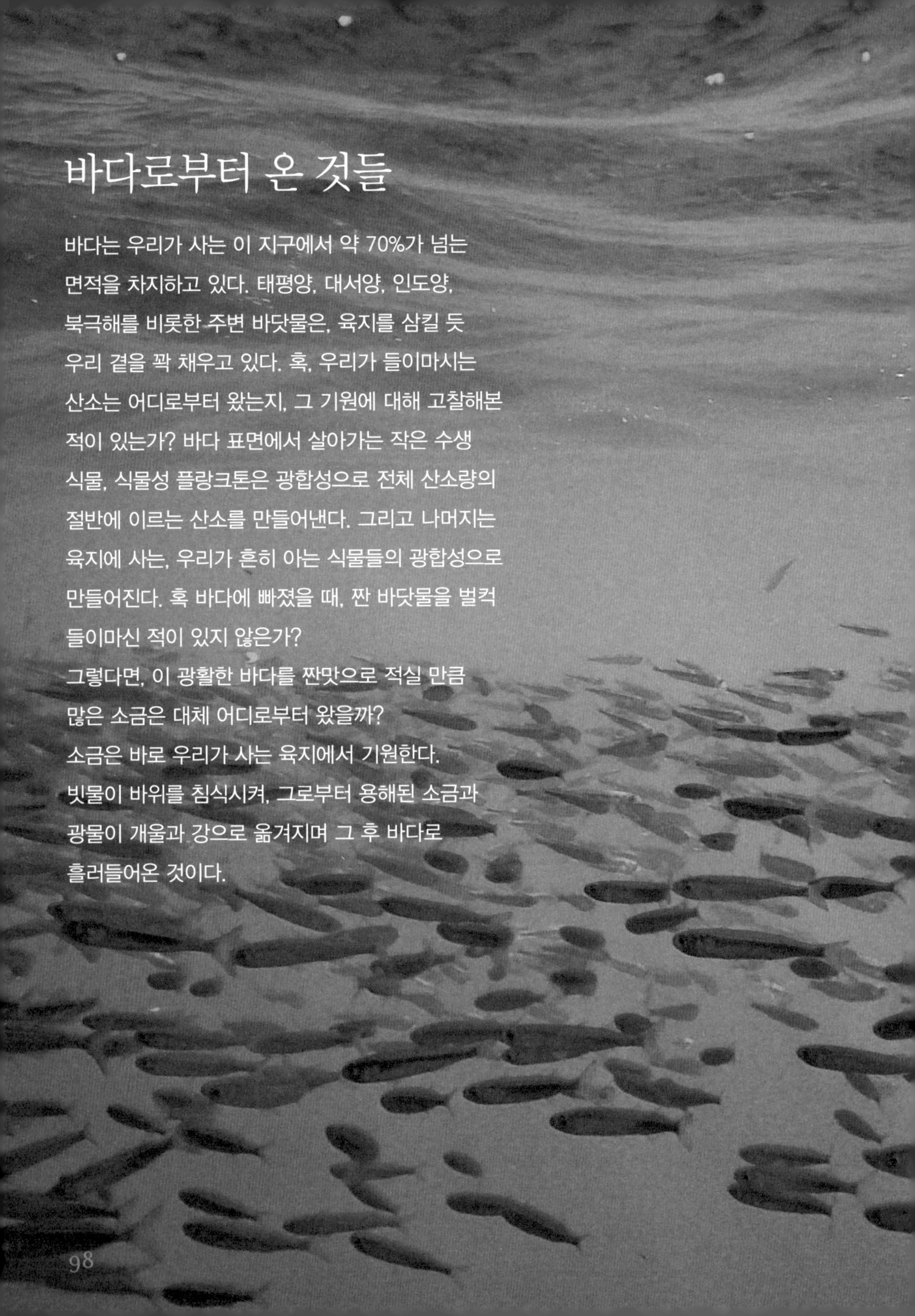

바다로부터 온 것들

바다는 우리가 사는 이 지구에서 약 70%가 넘는 면적을 차지하고 있다. 태평양, 대서양, 인도양, 북극해를 비롯한 주변 바닷물은, 육지를 삼킬 듯 우리 곁을 꽉 채우고 있다. 혹, 우리가 들이마시는 산소는 어디로부터 왔는지, 그 기원에 대해 고찰해본 적이 있는가? 바다 표면에서 살아가는 작은 수생 식물, 식물성 플랑크톤은 광합성으로 전체 산소량의 절반에 이르는 산소를 만들어낸다. 그리고 나머지는 육지에 사는, 우리가 흔히 아는 식물들의 광합성으로 만들어진다. 혹 바다에 빠졌을 때, 짠 바닷물을 벌컥 들이마신 적이 있지 않은가?
그렇다면, 이 광활한 바다를 짠맛으로 적실 만큼 많은 소금은 대체 어디로부터 왔을까?
소금은 바로 우리가 사는 육지에서 기원한다. 빗물이 바위를 침식시켜, 그로부터 용해된 소금과 광물이 개울과 강으로 옮겨지며 그 후 바다로 흘러들어온 것이다.

물고기는 귀를 갖고 있지 않다.

그러나 몸통 양쪽의 작은 구멍들을 통해 진동과 압력 변화를 감지하며,
그것은 물고기에게 귀 이상의 역할을 수행한다.

Did you know?

아메리카장어는 독특하게도, 알을 낳기 위해서 개울과 호수에서
출발하여 먼 바다에 이르기까지 장거리를 여행한다.
그들은 아가미와 피부로도 산소를 흡수할 수 있기 때문에, 젖은 풀이나
진흙 사이를 누비며 육지로 움직이기도 한다.

땅으로부터 가까운, 그리고 먼

고래와 고래목으로 불리는 동물은 모두 바다에 사는 포유류이다. 하지만 잔인한 인간들의 무자비한 포획으로, 오랫동안 생존을 위협받아 왔다. 다행히 지금은 엄격한 관리, 그리고 고래를 보고 싶어 하는 여행이 인기를 끌며 고래와 바다표범, 바다코끼리, 돌고래, 알락돌고래들이 도란도란, 식구를 늘리며 살고 있다.

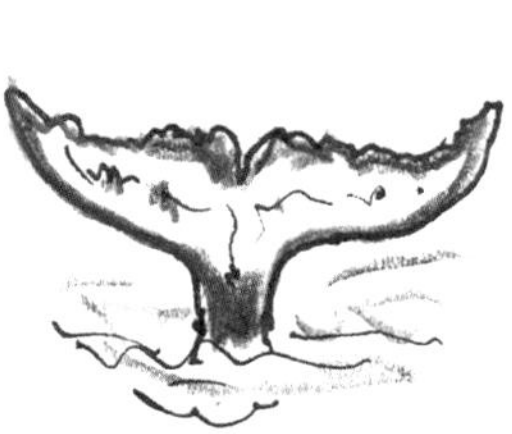

혹등고래는 15~18m나 되는 몸길이 덕분에, 곡예 묘기를 가장 잘 부리는 친구이다. 그들은 매년 카리브 해의 서인도제도에서 저 먼 그린란드까지 아주 긴 거리를 여행하곤 한다.

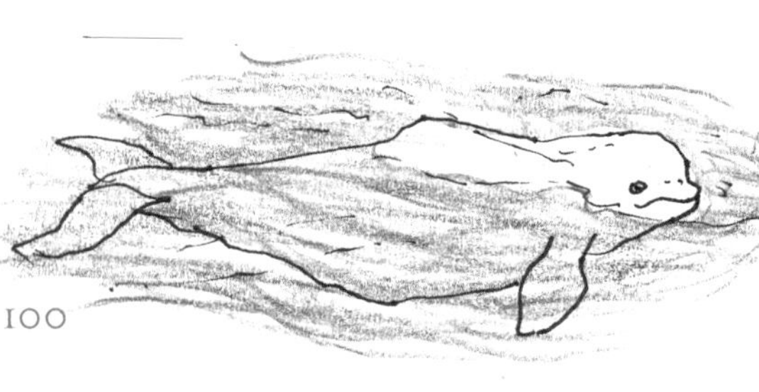

3~4m 크기의 흰돌고래는, 포식자의 눈을 피해 얼음덩어리 속으로 숨기 쉽도록 새하얀 눈 빛깔을 띠고 있다.

"자연 세계와 접촉하여 생기는
영속적인 기쁨은 과학자만
누릴 수 있는 것이 아니라,
하늘과 바다, 지구와 지구에 있는
놀라운 생명들의 영향 하에
살고자 하는 사람이라면 누구나
누릴 수 있는 것이다."

– 레이첼 카슨,
《자연, 그 경이로움에 대하여》 중

물은, 강은,
바다는 어디로부터

강어귀란 빗물이 모여 바다로 흘러 들어가는 부근을
뜻한다. 그것은 곧, 이 세상에 존재하는 모든 땅이
강어귀의 일부라고 할 수 있다는 이야기이다.
물은 조그마한 개울로부터 출발하여 강으로, 더 큰 강으로,
또 호수로 흘러가며 습지대를 거쳐 마침내 바다로 흘러 들어간다.
당신 주변에 흐르는 물이 어디에서 시작되었는지 알고 있는가?
당신이 살고 있는 그곳, 그 근처에 펼쳐진 풍경을 떠올려보라.
가까이에 어떤 개울과 호수, 강이 있으며 그들은 각각
어떻게 서로 연결되어 있는가?

그 물줄기는 어느 방향으로 흐르며,
어떻게 바다와 이어져 있는가?

이곳은 밀물과 썰물이 밀려왔다 빠져나가며 끊임없이
변덕을 부리는 다이내믹한 공간이다. 새가 떼를 지어
활기차게 날아다니고, 구름과 햇살이 번갈아가며 하늘에
모습을 드러낸다. 태고의 소리 풍경인 바람이 힘찬 생기를
불어넣으며 상쾌하게 불어온다.

– 존 스렐폴, 《밀물과 썰물 사이》

TRY THIS

당신이 아는 풍경을 떠올려보라. 그 풍경 속에는 어떤 개울과 호수, 강이 있으며
그들끼리는 서로 어떻게 연결되어 있는가? 그들이 어느 방향으로 흐르며,
바다와는 어떻게 이어져 있는 것 같은가?

물, 그 끝없는 순환에 대하여

물은 땅에서 하늘로, 그리고 다시 땅에서 물로, 끊임없이 순환한다.

주변을 둘러보라.
어디에서 물의 순환을 볼 수 있는가?

Did you know?

매년 약 38만㎦에 달하는 물이, 지구의 거대한 시스템을 따라 순환한다. 빙하, 비, 바다, 강, 구름, 호수, 지하수, 저수지, 식물, 동물……. 이 물의 순환으로부터 벗어나 있는 건 하나도 없다. 너나할 것 없이, 모든 자연이 이 순환에 동참하고 있다. 새로 생겨나는 물은 없다. 그저 돌고 도는 물만 있을 뿐. 당신이 오늘 마신 물은, 어쩌면 아주 먼 옛날 공룡이 마셨던 물일지도 모른다.

땅속, 그리고 바닷속

지구를 이루고 있는 암석층들은 모두 지금으로부터 머나먼 옛날, 수십억 년 전에 만들어졌으며 지금도 계속해서 만들어지고 있다. 지표면은 고정되어 우뚝 멈춰 있는 것이 아니다. 오히려 살아 숨 쉬지만 잠시 잠들어 있는, 꿈틀거리는 용과 같은 무언가다. 거대한 대륙과 무한한 해저에서 우리 눈에 보이지 않고 일어나는 화산 폭발, 대륙판의 움직임, 그리고 지진은 지금도 여전히, 이 지구를 끝없이 뒤흔들고 있다. 지구는 살아 있다. 여전히 무언가를 만들어내며, 여전히 변화를 거듭하고 있다.

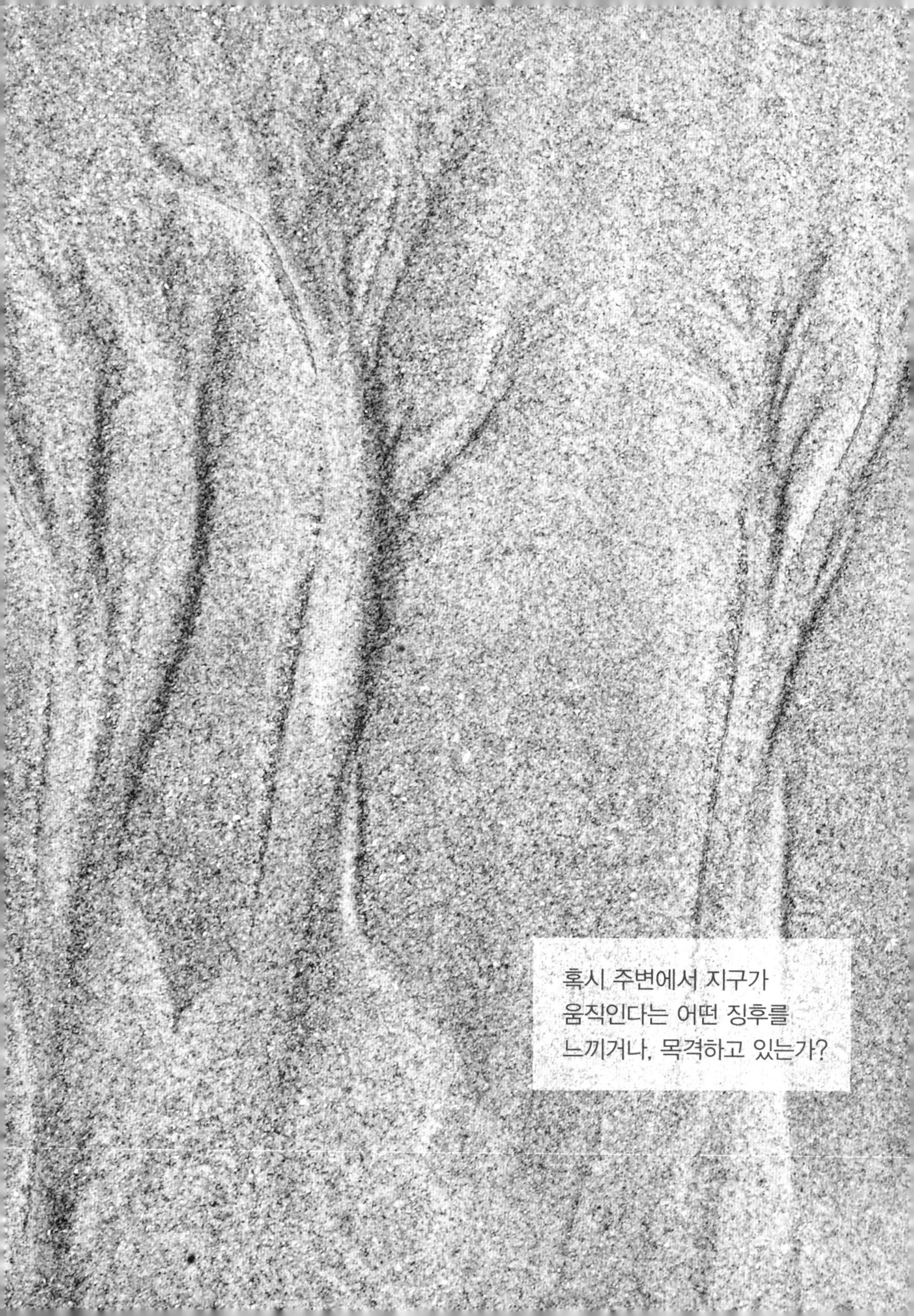

혹시 주변에서 지구가
움직인다는 어떤 징후를
느끼거나, 목격하고 있는가?

암석, 지구로부터 받은

돌멩이나 자갈을 수집하는 걸 좋아하는가? 아니면, 어릴 적에 돌멩이를 하나 둘 모았던 기억이 있지는 않은가? 이다음에 자연으로 나가게 되면, 발아래를 찬찬히 살피며 재미있게 생긴 돌이나 암석을 찾아보라. 만지고, 살피는 것만으로 그 암석들이 어떻게 형성되었는지 추측해볼 수 있는가? 이는 미지의 지역에서 해도 즐거운 작업이다. 여행을 가게 되면, 가는 곳마다 암석과, 돌과, 토양의 색깔이 어떻게 다르며 각각 무슨 감촉을 갖고 있는지도 눈여겨보라.

암석에도 각각 이름이 있고,
각자 다른 특징을 가진다.
화성암은 화산에서 흘러나온 뜨거운 용암,
혹은 땅속 깊은 곳의 마그마에서 형성된다.
용암이 흘러내려 땅 위에서 빠르게 식으면, 작은
결정으로 이루어진 검은색의 현무암이 된다.
그리고 마그마가 땅 아래에서 천천히 식으면 그때는
굵은 입자가 뭉쳐진 화강암이 탄생한다.

이들과는 달리, 퇴적암은 모래나 진흙 같은
침전물이 오랜 시간 동안 쌓이고 쌓여 만들어진
암석을 말한다. 온갖 침전물이 쌓여 만들어진
것이므로, 퇴적암은 가끔 놀라운 선물을 주기도 한다.
이를테면 원석의 광물질, 화석이 되어버린
동물과 식물의 유해 같은 것들이다.
가끔은 석탄, 원유와 같이 인간에게 유용한
에너지원을 선물해주기도 한다.

그리고 또 다른 이름, 변성암은 이런 암석들이 아주
뜨거운 열과 강한 압력을 받아 변화를 거듭해
새로운 모습이 될 때 붙인다.

운이 좋으면 우리는 일생에 단 한번
햇살과 공기와 흐르는 물과 하나가 되어,
산과 사막만이 아는 그 영겁의 시간을
아무렇지도 않게 한나절에 경험할 수 있다.

– 로렌 아이슬리, 《광대한 여행》 중에서

도로절개지에 보이는
이판암과 퇴적암

웨스트버지니아 주

TRY THIS

산책에 나설 때, 그리고 먼 길로 여행을 나설 때에는 주위에 펼쳐진 풍경을 주의 깊게 보라. 언덕이나 산, 완만한 강의 골짜기가 눈에 보이는가? 어떤 독특한 암석이 보이지는 않는가? 서로 다른 암석이 만나 이루어진, 도로절개지는 없는가? 이처럼 각기 다른 지형들의 기원을 찾으려면, 이 지구가 만들어진 약 46억 년 전의 옛날로 거슬러 올라가야 한다. 이 지형들은 지구 내부에서 아주 오랜 시간, 굉장한 압력을 견디며 조금씩 변모되어 만들어져왔다.

Did you know?

어떤 지형들은 과거의 흔적－
예를 들어 한때 바다 밑이나, 빙하
아래에 잠겨 있던 땅이라는－을
또렷이 알아볼 수 있다.
가끔은 히말라야 산맥
꼭대기에서도 화석이 된 바다
생물을 발견할 정도이다.

지금도 바다 깊은 곳에는, 끊임없이
변하고 있는 지구의 흔적을
고스란히 간직한 암석 지층, 협곡,
오래된 해저 분화구가 남아 있다.
그리고 그 주변에는, 언젠간 그 땅에
제 흔적을 남길 다양한 동식물들이
어우러져 살고 있다.

CONNECT

교감하다

계절이 지나도,
항상 같은 자리에서

앞으로 몇 년 동안 계절에 따라 바뀌는 자연을 관찰할 수 있도록, 자주 들러볼 수 있는 장소를 한번 물색해보라. 물론 그런 장소를 하나 골라낼 수 있다는 건 곧, 당신이 살펴보고자 하는 것이 무엇인지 알 정도로 자연과 가까워졌다는 뜻이기도 하다.
참으로 멋진 일이 아닌가!
당신은 약속이 비는 사이 그곳을 찾아 짧게 사색을 즐길 수 있고, 어느 날 자연과의 약속을 잡아 서너 시간 정도를 보낼 수도 있겠다. 자연을 관찰한 시간과 날씨, 계절, 당신의 마음, 그리고 누구와 함께했는지에 따라 그곳에서의 경험 역시 제각기 다른 느낌일 터이다. 그곳에서 틈틈이 시간을 보낸다면, 관찰하고 기록하며 그림으로 그릴 만한 흥미로운 무언가를 찾을 수 있을 것이다.

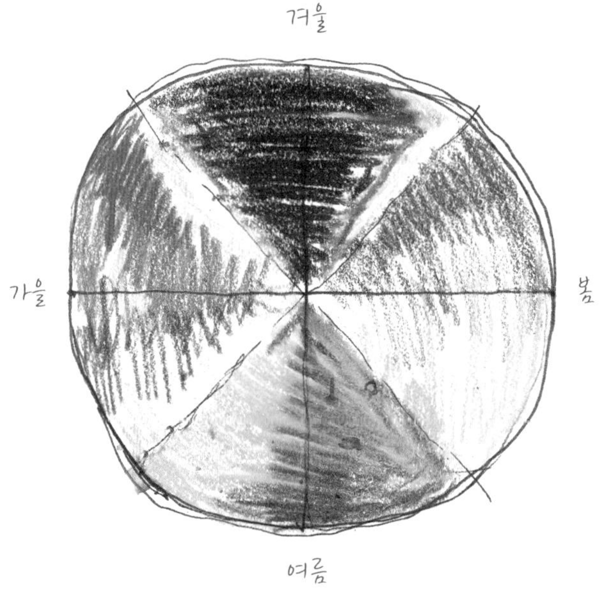

자연과 만나는 시간을 글로써 간직하는 작업

앞으로 자연과 만날 때면,
가는 곳이 평소 자주 찾던 곳이든
처음 가보는 곳이든 상관없이,
당신이 관찰한 내용을 꾸준히
기록할 수 있는 빈 노트를
챙겨가길 바란다.

만약 그림을 그리고 싶지 않다면,
가지각색의 잉크로 글을 써볼 수도 있다.
우표를 붙이거나 꽃과 나뭇잎을 눌러
끼워놓아도 좋겠다. 사진을 찍어
붙여놓거나, 신문 기사를 오려
스크랩하는 것도 좋은 방법이다.

당신이 관찰 일기를 좀 더 손쉽게 쓰도록
도와줄 관찰 일기 예시이다.

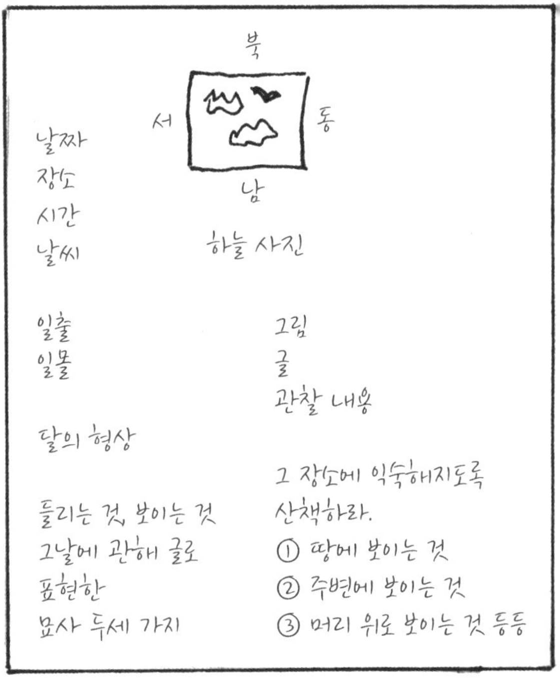

심지어 벽돌 사이에 낀
삼잎 국화도 반가워질
것이다!

4월 18일 화요일
케임브리지 봄나들이
오후 1시 50분-3시 30분경
(끝없는 이메일 업무 처리 등,
사무실 일을 일단 모두
뒤로 하고 밖으로 나갔다)
태양, 따뜻하고 사랑스럽다.
외투를 벗은 사람들
건물 페인트칠을 벗겨내는 일꾼들
그리고 홍관조가 크게 우는 소리
랭커스터 거리를 걸어 올라갔다.
태양을 등지고 의자에 앉아
북쪽 하늘을 올려다봤다.

고요한 휴식
기우는 달
일출: 오전 5시 58분
일몰: 오후 7시 29분
하루 중 해가 떠 있는 시간
총 13시간 30분!

초록빛의 습지

키 큰 소나무들
오후 3시, 덕스베리 블리치에서 C.W.L과 함께
9월 13일

오늘 무엇을 보았는가?
오늘 눈에 담은 것들 중,
특히 어느 자연물이 당신의 눈을 사로잡고,
당신을 더 궁금하게 만들었는가?

Did you know?

1803년에서 1806년까지, 메리웨더 루이스Meriwether Lewis와 윌리엄 클라크William Clark는 탐험대를 통솔하는 임무를 받아, 탐험 장소를 지도에 반영하며 관찰 대상을 그리고, 기록하는 임무를 수행했다. 그들은 자신들의 관찰 일기가 총과 칼만큼이나 중요하다고 믿었다. 그들이 관찰한 178종의 식물, 그리고 122종의 동물은 그 관찰 일기에 고스란히 기록되어 먼 훗날인 지금까지도 오래도록 전해지고 있다.

아주 작은 경이로움

자연을 담은 단순한 이미지들은, 우리의 하루하루를 하나로 엮어주기도 한다. 자연의 이미지들은 매일 반복되는 단조로운 일상을 넘어 우리를 고무시키며, 아주 잠깐 동안이라도 광대한 자연을 느끼도록 돕는다. 때로는 우리가 우리 자신을 뛰어넘으라며 재촉하기도 하면서. 이 작은 자연 이미지는 마치 줄에 꿴 작은 진주들처럼, 필요로 할 때면 언제든 꺼내보도록 호주머니에 넣어 보관할 수도 있다!

4월 6일,
올해 봄 처음으로 본
크로커스!
수술실에
들어가려는데,
홍관조 한 마리가
햇살 아래에서
노래하고 있었다.
수술실로 걸어가는
동안, 내 마음은 온
새에게 사로잡혀
있었다.
1월 30일 오후 1시 20분, 창밖으로
다람쥐들을 내다보고 있는 새끼고양이

10월 20일 오후 4시
경, 이야기 하나!
고개를 들어 창밖을
바라보니,
지붕 위로 붉은꼬리매
한 마리가
비둘기들을 쫓고
있었다.

주방 싱크대
너머로 보이는
자연

작은 경이로움 공유하기

당신이 찾은 작은 경이로움을 친구와 가족, 동료 등 당신이 사랑하는 이들에게 전할 수 있는 법을 찾아보라. 이를테면 문자를 주고받거나, 사진을 찍어 휴대폰으로 전송하거나, 우편으로 사진을 보낼 수도 있다. 웹사이트나 블로그에 업로드하면 더욱 많은 사람들과 경이로움을 나눌 수 있다.

기적의 존재를 알게 되면,
인생은 상상하는 것보다
더 경이롭고 흥미진진하며
눈부신 경험으로 바뀔 수 있다.

– 디팩 초프라, 《바라는 대로 이루어진다》 중에서

TRY THIS

자연을 알아가는 행위는 아주 작은 것으로부터 시작된다. 자연에서 발견한 경이로운 것들을 기록하거나, 사진 찍거나, 그림으로 그려서 모으는 일부터 한번 시작해보라. 그것은 간단할 수도 있고, 어쩌면 대단할 수도 있다. 어떨 때엔 위안과 웃음을 선사해줄 수도 있고, 그저 깜짝 놀라게 하는 게 전부일지도 모른다. 그러한 자연과의 교감은, 당신에게 어떤 감정을 선사해주는가?

위안, 그리고 교감

에드워드 오즈본 윌슨 교수는,
인간과 자연 간의 본능적인
유대관계를 설명하며 살아 있는 모든
생명체bio에 대한 사랑philia을 뜻하는
바이오필리아biophilia라는 단어를
새로 만들어냈다.
우리 인간에게는, 자연이 필요하다.
평소엔 인식하지 못하더라도,
자연은 인간의 일부이며
인간 또한 자연의 일부이다.
과학자들은 자연과 자연의
이미지가 우리의 건강에 어떤 영향을
미치는지 오래도록 연구해왔다.
당신은 당신에게 위안을,
평온을 주는 자연의 이미지를
어디에서 찾을 수 있는가?
위안과 평온이 필요할 때,
당신은 그것을 찾기 위해
어떤 장소로 가는가?

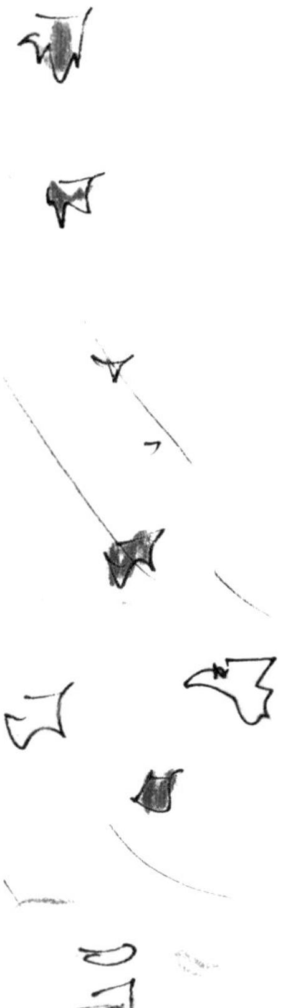

10월 18일 수요일 오후 12시~3시
사라가 놀러와서
함께 산책을 했다.
때마침 오번 산은 눈부시게
아름다운 오렌지 빛으로
물들고 있었다.
사라가 리에게서 걸려온 전화를
받았는데, 림이 암 4기 판정을
받았다고 한다.
우리는 우수수 떨어지는 노란 잎들을
바라보며 이야기를 나누었다.
인간의 슬픔에 아랑곳없이 계절은
돌고 돌며, 앞으로도 계속 돌
것이라는 사실을 우리는 점점 더
잘 알아가고 있다.
그게 약간의 위안이 된다.
아무 말 없이, 우리는 흩뿌리는
잎들을 맞으며 함께 걸었다.
옆에서는 거위가
꽥꽥 울어댔다.

두려움이나 외로움, 불행을 느끼는 사람들에게
필요한 최선의 해결책은
바로 밖으로 나가는 것이다.
우리가 어떤 난관에 처해 있더라도
자연에서 위안을 얻을 수 있다고 나는 굳게 믿는다.

– 안네 프랑크, 《안네의 일기》 중에서

자연을 거닐고 나면

짧은 시간이라도 좋다. 그것이 단 20분의 찰나이더라도, 자연 사이를 거닐고 나면, 위안과 평온을 느낄 수 있다. 역사 속의 사냥꾼, 탐험가, 과학자, 예술가들은 언제나 어떤 대상에 집중하기 위해, 마음을 침착하게 가다듬어야 했다. 그 대상이 숲속 사슴이든, 악보에 그려진 음악이든.

숲에는 와이파이가 없습니다.
하지만 장담컨대 여러분은
와이파이보다 더 좋은 연결을
발견할 것입니다.

– 퍼시픽 노스웨스트 포리스트 공원
기념엽서에 새겨진 글

고요한 적막이 찾아오는 순간,
시끄러운 마음이 생각을 혼돈스럽게 하지 않는
바로 그때, 다른 차원의 의식이 모습을 드러낸다.
물아가 일체를 이루는 순간이다.
고립과 외로움이 종말을 맞는 순간이다.

– 델 윈, 《시로 쓴 자백》 중에서

Did you know?

널리 알려진 영장류의 동물학자, 제인 구달은 연구를 위해 탄자니아의 사냥 금지 구역에서 침팬지를 기다리고, 관찰하며 하루에도 몇 시간씩을 앉아 있곤 했다. 《월든》의 저자 헨리 데이비드 소로도 숲속 작은 오두막에 터를 잡고 앉아, 주변 자연을 관찰하며 2년이라는 세월을 보냈다. 창의적으로 사고하기 위해서는 당신이 예술가이든 과학자이든, 어른이든 아이이든, 모두 마음과 감정을 추스르고 사물을 보다 투명하게 바라보는 시선을 얻기 위해서는 사색의 시간이 필요하다.

TRY THIS

시간이 생기면, 어디든 좋으니 밖으로 나가 조용히 자연을 걸어보라. 아무것도 가져가지 말고, 그냥 걷는 것이다. 주위에 보이는 자연에만 집중하며 마음이 산만해지지 않도록, 잡념이 생기지 않도록 노력하며 걷자. 나뭇잎 모양, 햇살의 색깔, 지나가는 구름의 흐름, 날아다니는 새에 관심을 기울여보라. 귓가를 스치는 바람 소리나 새 소리를 들어보는 건 어떨까. 깊이 숨을 들이마시고, 당신의 느려진 심장박동을 느껴 보는 것도 좋겠다. 이윽고 집으로 돌아온 후엔, 가뿐한 마음으로 다음 일에 주의를 옮길 수 있는지 살펴보라.

자연과 예술,
그 상관관계

지금으로부터 1만 7천 년,
그 오래전 구석기 시대에
라스코 동굴 벽화가 그려진 이래로,
자연은 온갖 종류의 창조적인 영감을
불러일으키는 원천이 되어왔다.
전 세계에 있는 작가와 화가, 조각가,
장인, 건축가, 무용가, 음악가…….
수많은 예술가의 작품들이 자연으로부터
영감을 받아 창조되었다.

자연에서 영감을 받은
예술가들 중,
당신은 누구로부터
가장 경이로움을
느끼는가?

다음 작품들을 잘 떠올려보라.

- 모네의 수련과 건초더미들,
- 조지아 오키프의 꽃과 사막들,
- 윈즐로 호머의 바다 경치들,
- 알렉산더 콜더의 움직이는 조각들,
- 에드워드 웨스턴과 안셀 애덤스의 사진,
- 그리고 화가들이 붓으로 담아내는 섬세한 자연의 형태들…….

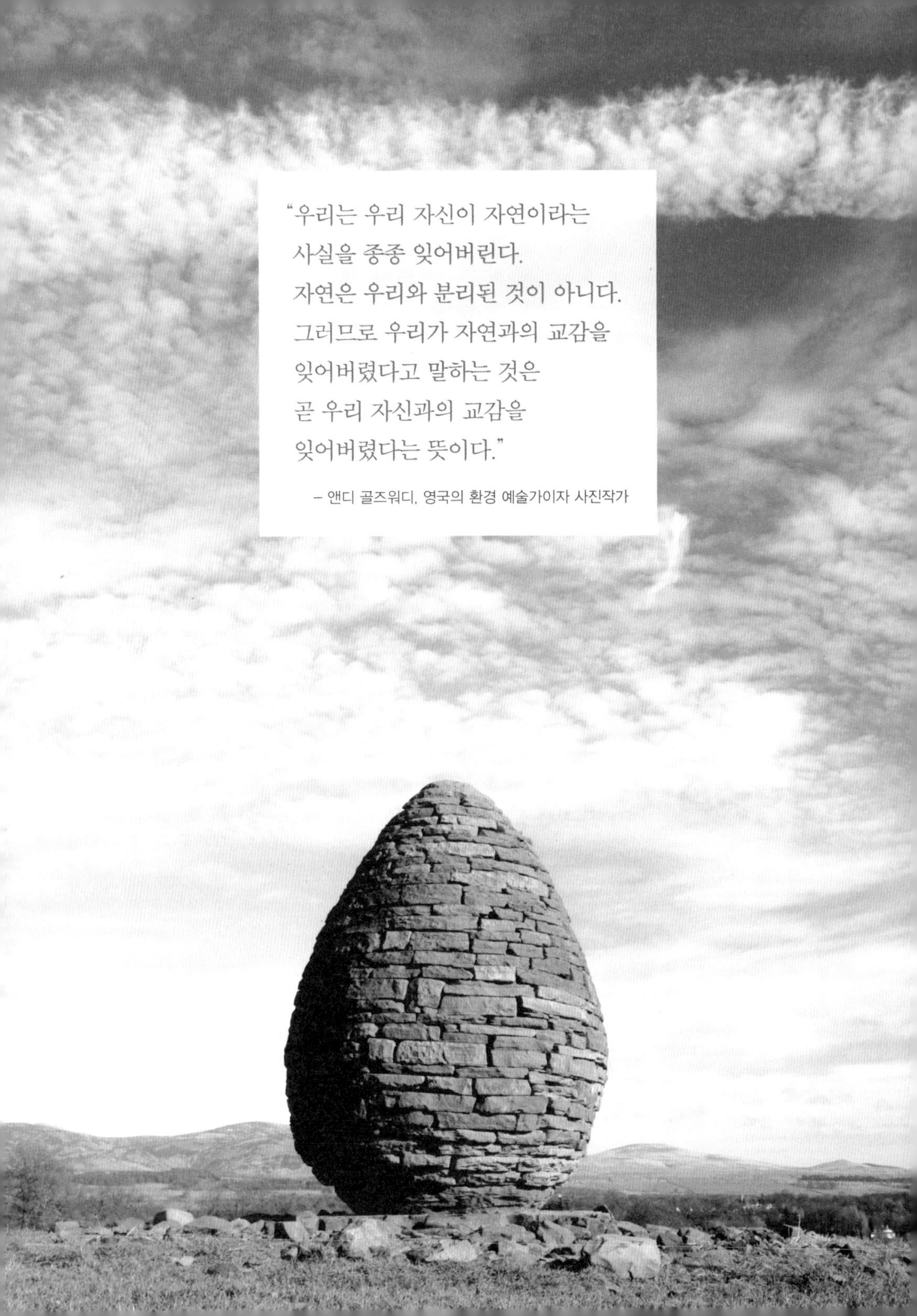

"우리는 우리 자신이 자연이라는
사실을 종종 잊어버린다.
자연은 우리와 분리된 것이 아니다.
그러므로 우리가 자연과의 교감을
잊어버렸다고 말하는 것은
곧 우리 자신과의 교감을
잊어버렸다는 뜻이다."

– 앤디 골즈워디, 영국의 환경 예술가이자 사진작가

TRY THIS

스스로와의 약속을 잡고 미술관을 방문해보라.

그중에서 자연과의 교감을 표현한 그림이나 도자기, 직물, 조각품을 찾아 기록하고 관찰해보라. 혹, 묘사된 자연을 직접 가서 보고 싶다는 생각이 들게끔 만드는 작품이 있는가? 아니면, 자연을 담은 당신만의 작품을 만들어보고 싶다는 생각이 들지는 않는가?

자연, 그리고 음악

많은 작곡가들이 자연으로부터 영감을 얻는다. 비발디의 〈사계〉, 차이코프스키의 〈백조의 호수〉, 코플런드의 〈애팔래치아의 봄〉은 당신을 자연으로 안내해줄 수많은 클래식 작품 중, 극히 일부에 지나지 않는다.

개똥지빠귀가 부르는
봄노래가 얼마나 황홀한지!

Did you know?

현대 작곡가인 존 루터 애덤스는, 오랫동안 자연에 근간을 둔 음악을 만들어왔다. 일례로, 그는 새의 노랫소리를 흉내 낸 뮤지컬 작품들을 만들었다. 2009년에는 '들을 수 있는 곳where you go to listen'이라는 장치를 고안해, 지구물리학적인 데이터 흐름을 소리와 빛의 환경으로 표현하기도 했다.

TRY THIS

자연의 영향을 받은
음악가의 작품을
하나 골라 들어보라.
음악은 당신에게
어떤 생각,
또 어떤 느낌을 주는가?
음악을 들으면,
당신에겐 어떤 기억과
이미지가 떠오르는가?

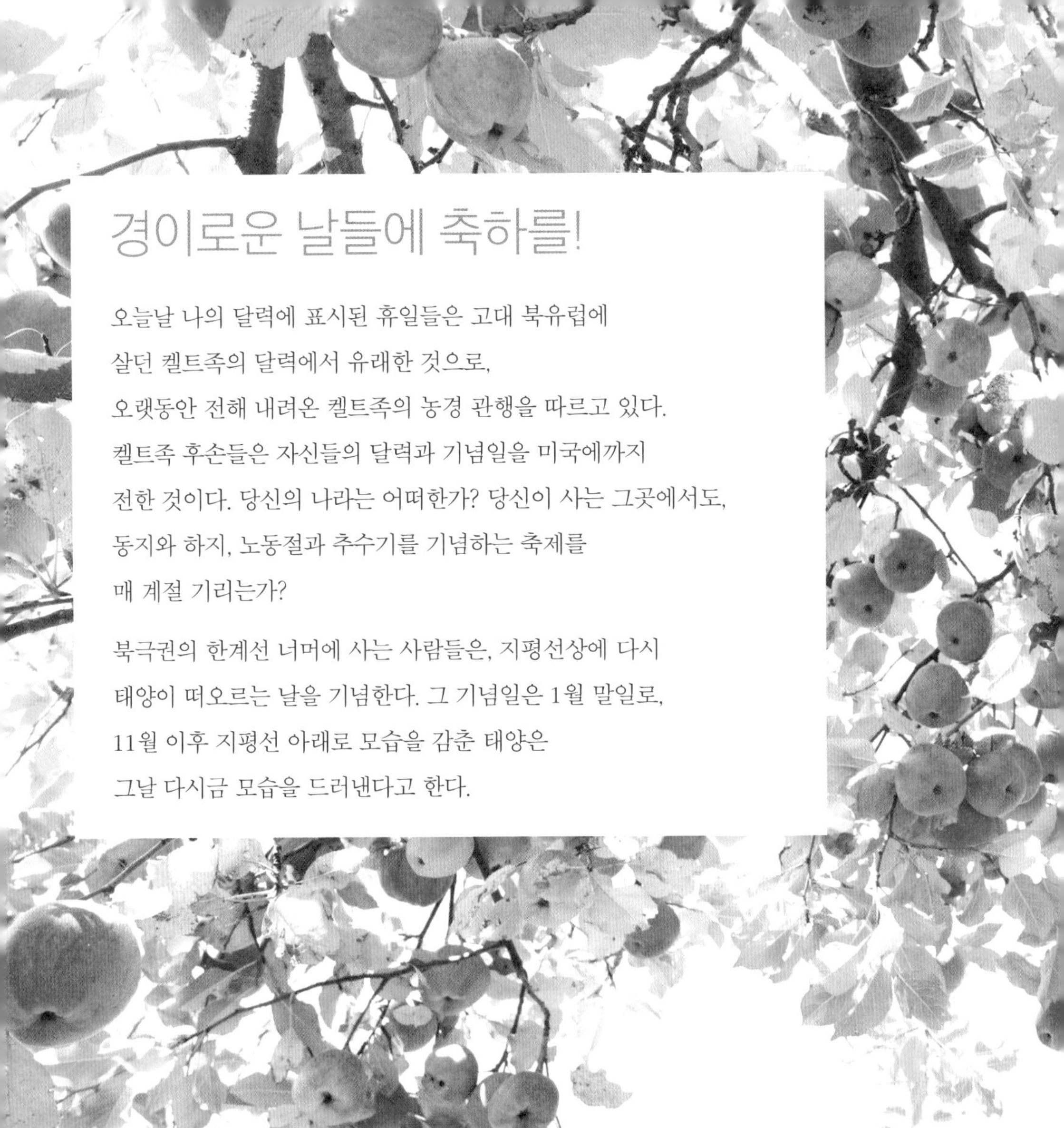

경이로운 날들에 축하를!

오늘날 나의 달력에 표시된 휴일들은 고대 북유럽에 살던 켈트족의 달력에서 유래한 것으로, 오랫동안 전해 내려온 켈트족의 농경 관행을 따르고 있다. 켈트족 후손들은 자신들의 달력과 기념일을 미국에까지 전한 것이다. 당신의 나라는 어떠한가? 당신이 사는 그곳에서도, 동지와 하지, 노동절과 추수기를 기념하는 축제를 매 계절 기리는가?

북극권의 한계선 너머에 사는 사람들은, 지평선상에 다시 태양이 떠오르는 날을 기념한다. 그 기념일은 1월 말일로, 11월 이후 지평선 아래로 모습을 감춘 태양은 그날 다시금 모습을 드러낸다고 한다.

Did you know?

부활절easter이라는 단어는 봄과 잉태, 새벽의 여신인 이슈타르Ishtar, 아스타르테Astarte, 에오스트레Eostre, 에오스Eos에서 유래한다. 또한, 성스러운 전날 밤이라는 뜻의 핼러윈halloween은 초기 기독교인들이 켈트족의 가장 중요한 농경 축제이며, 여름이 끝났음을 기념하는 축제인 삼하인samhain을 받아들이며 생겨났다.

자연은 하나의 장소도 아니고
하나의 사물도 아니다.
자연은 세계의 다양한 생물과 그날그날의
우리네 삶이 함께 어우러져 엮이는
모자이크요, 네트워크요, 매트릭스이다.

– 크리스 레이히, 매사추세츠 야생동물 보호회

TRY THIS

1년 사계절이 우리에게 무엇을 베푸는지, 한번 곰곰이 생각해보라. 또 각각의 계절마다 어떤 활동이나 기념행사를 할 수 있을지 계획해보라. 봄에는 꽃을 따서 담는 꽃바구니 행사를 하는 건 어떨까? 가을에는 호박 조각 전시회나 사과 따기 체험도 괜찮겠다. 여름에 하는 캠프파이어나 겨울의 눈꽃 축제는 얼마나 멋질지!

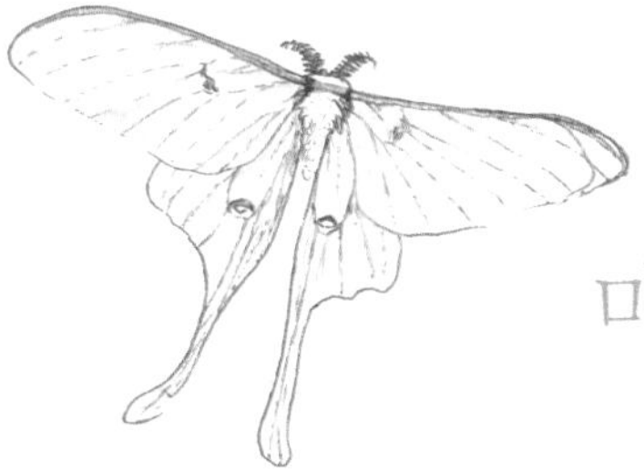

마지막으로 빛을 비추다

자연으로 향하는 길이 당신을 신비와 해학,

경이로움이 가득한 모험의 세계로 이끌기를!